禁得住诱惑，耐得住寂寞

赵英凯◎编著

中国纺织出版社

内 容 提 要

禁得住诱惑，耐得住寂寞是一种上善若水的人生境界，是实现人生目标中对信念和梦想的坚持。禁得住身外的诱惑，方可内心宁静；耐得住内心的寂寞，才能得到成功的果实。

本书分上、下两篇，从生活中的具体实例出发，语言平实，旨在让我们每个人明白，寂寞是人生的底色，耐住诱惑才能触摸到生命本真，从而提升我们对淡然人生的理解，帮助我们找到奔向幸福未来的途径。

图书在版编目（CIP）数据

禁得住诱惑，耐得住寂寞／赵英凯编著. --北京：中国纺织出版社，2018.5（2024.4重印）
ISBN 978-7-5180-4942-4

Ⅰ.①禁… Ⅱ.①赵… Ⅲ.①人生哲学—通俗读物 Ⅳ.①B821-49

中国版本图书馆CIP数据核字（2018）第079712号

责任编辑：闫　星　　特约编辑：李　杨　　责任印制：储志伟

中国纺织出版社出版发行
地址：北京市朝阳区百子湾东里A407号楼　邮政编码：100124
销售电话：010—67004422　传真：010—87155801
http：//www.c-textilep.com
E-mail：faxing@c-textilep.com
中国纺织出版社天猫旗舰店
官方微博http：//weibo.com/2119887771
北京兰星球彩色印刷有限公司印刷　各地新华书店经销
2018年5月第1版　2024年4月第2次印刷
开本：710×1000　1/16　印张：14
字数：205千字　定价：68.00 元

前言

在生活中，你是否有过这样的经历：站在喧闹的街头，看着熙熙攘攘、川流不息的人潮，你是否有一种身处闹市却莫名失落、驻足人群却无处倾诉的感觉？在万籁俱寂的子夜，你的爱人已沉沉地睡去，你是否会回想相恋的时光，而你的心是否有过偏离？看到公司账务上的巨额数字，作为会计的你是否曾动过一丝据为己有的念头？朋友告诉你一个投资机会，你是否毫不犹豫地就接纳了他的意见？听够了上司的训导、同事的唠叨、孩子的哭闹、家人间的争吵，你是否很渴望能独处……如果有，说明你该学会如何面对外界的诱惑和内心的寂寞了。

的确，在商品经济的大潮里，各种各样的诱惑像空气一样，无所不在，无孔不入。有的人坚守自己的内心，面对诱惑不为所动，而有的人充满贪念，面对诱惑心神不宁。面对着繁华的大千世界，在金钱、名利的诱惑下，又有多少人丧失了最初的善良、生活的目标、做人的底线。在诱惑面前，人们的欲望在急速膨胀着，渐渐地迷失了自我，走向了无底的深渊。在诱惑面前，多少灵魂摇曳不定，失去了人生的方向和目标，伸出了罪恶的双手。

除了形形色色的诱惑，我们内心的寂寞也处处插针，侵蚀着我们的心灵：漫无目的且忙碌的工作是寂寞，孤家寡人的独处是寂寞，毫无色彩的人生是寂寞……很多时候，这个世界很热闹，热闹得让人无处容身，热闹得只剩下你自己，或许我们也该学会如何与自己相处了。

那么，面对着外界的诱惑和内心的寂寞，我们该何去何从呢?

这需要我们调节自己的心态，做到禁得住诱惑、耐得住寂寞。

禁得住诱惑，能帮助我们对“花花绿绿”“流光溢彩”不生非分之心，不做越轨之事，不做虚幻之梦。面对外界种种变化与诱惑，心不痒，嘴不馋，手不伸，脚不动，宠辱不惊，去留淡然，白天知足常乐，夜晚睡眠安宁，走路步步稳健。

耐得住寂寞，能帮助我们在喧闹的社会中找到自己的位置，唤醒自己的梦想，殚精竭虑，重获力量，为自己热爱的事业孜孜不倦地奋斗，最终驾驭自己的人生，实现自己的人生价值!

本书就是一本给人力量、促人奋斗的正能量书，犹如一位智者，娓娓道来的导师，告诉我们，只有禁得住诱惑、耐得住寂寞，我们才能拿捏好尺寸，把握住幸福，才能心静如水，稳步前行。

编著者

2018年2月

上篇　禁得起诱惑，每一种诱惑都是一种心理博弈

上篇

禁得起诱惑，每一种诱惑都是一种心理博弈

第 1 章　把控内心，诱惑是欲望之树结下的毒果

生活中，人们常说："欲壑难填""欲望无止境"，《论语别裁》中说："有求皆苦，无欲则刚"。其实，欲是人的一种生理本能，每一个人都有形形色色的"欲"，然而，正因为欲望的存在，才让诱惑有机可乘，诱惑是欲望之树结下的毒果，当今社会，出现在我们周围的诱惑也是形形色色，然而，我们只有静下心来，抵制住诱惑的糖衣，清心寡欲，才会懂得快乐的真谛。

诱惑是深渊，欲望是陷阱

生活中，人们常说，人生漫漫，我们永远不知道明天会发生什么，然而，在这条未知的路上，充满了各种各样的诱惑，金钱的诱惑、美色的诱惑、名利的诱惑、地位的诱惑……人都是有弱点的，欲望越多的人弱点也就越多，陷入深渊的可能性也就越大。可见，诱惑与欲望是一对孪生兄弟，诱惑是深渊，欲望是陷阱，一个人一旦被欲望控制，对诱惑也就失去了抵抗力，因此稍不小心就会给自己带来麻烦，成败功过都会在一念之间决定，所以要想躲避这些陷阱、深渊，就要清醒地认识它们，才能够躲得过、避得开。

而生活中，人们之所以会做那些让自己后悔的事，归结起来，大多是自制力薄弱，抵挡不住诱惑，因此做了不该做的事。要培养坚定的自制力，首先要从心里认识到自律的重要，然后才能自觉地培养。只有坚定地

约束自己、战胜自己，最终才能控制欲望，抵抗诱惑。

谁都知道，在清代民间，人们常说，“和珅跌倒，嘉庆吃饱”。和珅之所以为千夫所指，可以说，就是因为他被金钱的欲望控制，而走上了一条不归路。

和珅是清朝乾隆、嘉庆年间朝廷重臣，在他为官之初，也一心报效国家，与朝中的清官一起打击福康安、福长安等贪污官员，更在二十六岁时就任管库大臣，管理布库，在这一职务中，他学习如何管理财务，勤勤恳恳地管理布库，令布的存量大增，他凭借这些才干，得到乾隆的赏识。

乾隆四十年，和珅擢为乾清门侍卫，兼副都统。乾隆十一月再升为御前侍卫，并授正蓝旗副都统。乾隆四十一年正月，授户部侍郎，三月授军机大臣，四月，授总管内务府大臣。这两年间，和珅清廉为官，勤奋好学，成为一位有为的青年。

乾隆四十五年正月，海宁揭发大学士兼云贵总督李侍尧涉嫌贪污，乾隆下御旨命刑部侍郎喀宁阿、和珅和钱沣远赴云南查办李侍尧。起初毫无进展，后来和珅拘审李侍尧的管家赵一恒，向赵一恒严刑逼供，赵一恒起初还拼死抗争，拒不招认，后来终于耐不住痛楚，把李侍尧的所作所为一一向和珅作了交代。和珅有了坚实的证据，心里就有了底，踏实下来。他把赵一恒交代的事项笔录下来，又命人召来云南李侍尧属下的大官员，当着他们的面宣布了赵一恒的供述，那些原来忠于李侍尧的官员见和珅已掌握了证据，于是纷纷出面指控李侍尧的种种罪行，就连那些曾向李侍尧行贿的官员，也申明自己是迫于李侍尧的淫威，被迫行贿的。和珅取得了实据，迫使精明干练的李侍尧不得不低头认罪。和珅也因此被提升为户部尚书。

李侍尧案审结后，李侍尧被判斩监候，李侍尧及其党羽的一大份财产被和珅私吞，加上乾隆的赏赐，和珅终于初尝掌握大权大财的滋味。四月，其长子丰绅殷德，被乾隆指为十公主额驸，领受乾隆赏赐黄金、古董，等等，百官争相巴结。和珅起初不受贿赂，但日子一长，他开始贪污，并广结党羽，形成一股大势力（讽刺的是，党羽中包括当年在云南对和珅百般羞辱的李侍尧），更培植犯罪集团用以迫害政敌、地方势力和人民，俨然成了一个金字塔式的大贪污集团，和珅就立在金字塔的顶端。

嘉庆登基后，曾列出和珅二十条罪状，后嘉庆皇帝将其赐死。

乾隆年间，和珅为皇上宠信之极，官阶之高，管事之广，兼职之多，权势之大，清朝罕有。但这一切都是过眼云烟，损害了人民的利益，欺上瞒下，最终落得了个狱中自尽并遗臭万年的凄惨结局。而我们不难发现，为官之初的和珅原本是个清廉之人，但李侍尧案后，他尝到了金钱的滋味，才一失足，形成了错误的人生态度，最终成千古恨。

其实，我们不难发现，即使在今天，也有一些人，他们原本一直都是走在一条正确的人生道路铺成的康庄大道上，却禁不住诱惑，为自己埋下了毁灭的炸弹。这种错误的人生态度一旦蔓延到民族或者人类这一大群体上，将会产生严重的后果。

其中，要课以自己比他人更为艰苦的人生，并不断严格要求自己，这是不可或缺的。努力、诚实、认真、正直……严格遵守这些看似简单的道德观和伦理观，并把它们作为自己的人生哲学或人生态度不可动摇的基础，坚守这些，方能把控欲望，远离诱惑，实现人生价值。

欲望无止境，学会修剪自己的欲望

在现代社会，放眼所及，在我们的周围，充满着新奇、精彩的各种各样的人、事、物，甚至连人们的衣、食、住、行、育、乐等各个方面，也都有着丰富多彩的选择。然而，当我们习惯了过奢侈、繁华的生活时，有一些人反而迷失了自己，或者是失去了正确的价值观的判断，甚至有时候往往为了满足物质的欲望，使得自己的生活疲于奔命，或者心生为非作歹的念头，从而造成了在社会当中的不安气氛。

曼谷的西郊有一座寺院，因为地处偏远，香火一直非常冷清。

原来的住持圆寂后，索提那克法师来到寺院做新住持。初来乍到，他绕着寺院四周巡视，发现寺院周围的山坡上到处长着灌木。那些灌木呈原生态生长，树形恣肆而张扬，看上去随心所欲，杂乱无章。索提那克找来一把园林修剪用的剪子，不时去修剪一棵灌木。半年过去了，那棵灌木被修剪成一个半球形状。

僧侣们不知住持意欲何为。问索提那克，法师却笑而不答。

这天，寺院来了一位不速之客。来人衣衫光鲜，气宇不凡。法师接待了他。寒暄，让座，奉茶。对方说自己路过此地，汽车抛锚了，司机现在修车，他进寺院来看看。

法师陪来客四处转悠。行走间，客人向法师请教了一个问题："人怎样才能清除掉自己的欲望？"

索提那克法师微微一笑，折身进内室拿来那把剪子，对客人说："施主，请随我来！"

他把来客带到寺院外的山坡。客人看到了满山的灌木，也看到了法师修剪成形的那棵。

法师把剪子交给客人，说道："您只要能经常像我这样反复修剪一棵树，您的欲望就会消除。"

客人疑惑地接过剪子，走向一丛灌木，咔嚓咔嚓地剪了起来。

一壶茶的工夫过去了，法师问他感觉如何。客人笑笑："感觉身体倒是舒展轻松了许多，可是日常堵塞心头的那些欲望好像并没有放下。"

法师颔首说道："刚开始是这样的。经常修剪，就好了。"

来客走的时候，跟法师约定他十天后再来。

法师不知道，来客是曼谷最享有盛名的娱乐大亨，近来他遇到了从未经历过的生意上的难题。

十天后，大亨来了；十六天后，大亨又来了……三个月过去了，大亨已经将那棵灌木修剪成一只初具规模的鸟。法师问他，现在是否懂得如何消除欲望？大亨面带愧色地回答说，可能是我太愚钝，眼下每次修剪的时候，能够气定神闲，心无挂碍。可是，从您这里离开，回到我的生活圈子之后，我的所有欲望依然像往常那样冒出来。

法师笑而不言。

当大亨的鸟完全成形之后，索提那克法师又向他问了同样的问题，他的回答依旧。

这次，法师对大亨说："施主，你知道为什么当初我建议你来修剪树木吗？我只是希望你每次修剪前，都能发现，原来剪去的部分，又会重新长出来。这就像我们的欲望，你别指望完全消除。我们能做的，就是尽力把它修剪得更美观。放任欲望，它就会像这满坡疯长的灌木，丑恶不堪。但是，经常修剪，就能成为一道悦目的风景。对于名利，只要取之有道，用之有道，利己惠人，它就不应该被看作是心灵的枷锁。”

大亨恍然。

此后，随着越来越多香客的到来，寺院周围的灌木也一棵棵被修剪成各种形状。这里香火渐盛，日益闻名。

我们心中的欲望，有时就像树木长出的枝蔓，稍不留神就一个劲地疯长，遮盖我们的视野，甚至连心灵的光明也被淹没了，只有不断修剪，才能让我们的眼界豁然开朗！

我们都是平凡的人，我们并不能做到真正地摒弃功利，甚至连哲学家们自己似乎也极不愿意摒弃人性的这一弱点，但功名欲是人类一种不合情理的欲望。既然我们不能摆脱它，就要懂得用正确的方式来满足自己的欲望。虽然平凡，我们也依然可以追求不平凡的生活，只要经常修剪自己的欲望，任何环境中的人，都可以走向成功。君子爱财，取之有道，对于名利，对于追求，只要是利己惠人的，就可以坦坦荡荡地去做！

当生活越简单时，生命反而越丰富，尤其是少了物质欲望的牵绊，我们越是能够从世俗名利的深渊中脱身，感受到自己内心深处的宽广和明净。因此，每一个人都应懂得修剪自己的欲望。

很多人都明白，贪欲会把人带向罪恶的深渊，让人失去理智。它可以使人相互摧残，甚至使最好的朋友都能反目成仇。贪字头上一把刀，一旦人的内心被贪欲所吞蚀，那他必将被其毒害……

人生如同一条河流，有其源头，有其流程，当然也有其终点，而不管流程有多长，有多短，终究都会到达终点，流入海洋。那么在我们活着的时候，有什么欲望是一定非要满足不可的呢？

欲望助你前行，也能使人毁灭

生活中的任何人，不管你是在温室中成长，还是在困苦中挣扎，欲望都会存在于你的心中，欲望可以成为我们的信念，支撑我们渡过难关，但是欲望也像鸦片，容易上瘾。一个人一旦被欲望控制，就等于自我毁灭。皮埃尔·布尔古也曾说："人们常常听到这样一句话：'是欲望毁了他。'然而，这往往是错误的。并不是欲望毁了人，而是无能、懒惰或糊涂。"

然而，在物质财富极大丰富、文化多元的现代社会，人们的需求和欲望不断地膨胀，人们很容易在追求物质的感官享受中逐渐迷失自我，像一艘失去航向和动力的大船，或远离航道，或停滞不前。事过之后才清醒，却只有追悔莫及，抱憾终生。可见，我们只有远离了诱惑，才远离了危险，离成功的脚步也就近了一点。

有一家大公司准备用高薪雇用一名小车司机。经过层层筛选和考试之后，只剩下3名技术优良的竞争者。主考官问他们："悬崖边有块金子，你们开着车去拿，觉得能距离悬崖多近而又不至于掉落呢？"

"二米。"第一位说。

"半米。"第二位很有把握地说。

"我会尽量远离悬崖，越远越好。"第三位说。

结果第三位竞争者被留了下来。

可见，对于诱惑，你没有必要去和它较劲，而应离得越远越好。

中国人常说："欲望无止境"，孔子也曾说过一句很有名的话："富与贵，是人之所欲也，不以其道得之，不处也。贫与贱，是人之所恶也，不以其道去之，不去也。"意思是：富贵是每个人都想要的，但如果不是用光明的手段得到的，就不要它。贫贱是每个人所厌恶的，但如果不是以正大光明的手段摆脱的，就不摆脱它。也就是说，我们每个人都有追求成功和幸福的欲望，但不能被欲望所控制。

对某些人来说，生命是一团欲望，欲望不能满足便痛苦，满足便无聊，人生就在痛苦和无聊之间摇摆。这样的人生无疑是可悲的。

尼采说，人最终喜爱的是自己的欲望，不是自己想要的东西！能够控制欲望而不被欲望征服的人，无疑是个智者。被欲望控制的人，在失去理智的同时，往往会葬送自己。

我们先来看下面这样一则寓言故事：

一只正在偷食的老鼠被猫逮住。老鼠哀求："请放过我吧，我会送给你一条大肥鱼。"猫说："不行。"老鼠继续说："我会送给你五条大肥鱼。"猫还是不答应。老鼠仍不死心："你放了我，以后我每天送给你一条大肥鱼。逢年过节，我还会拜访你。"

猫眯起眼睛，不语。

老鼠认为有门儿了，又不失时机地说："你平常很少吃到鱼，只要肯放我一马，以后就可以天天吃鱼。这件事情只有天知地知，你知我知，其他人都不知道，何乐而不为呢？"

猫依然不语，心里却在犹豫：老鼠的主意的确不错，放了它，我能天天吃到鱼。但放了它，它肯定还会偷主人的东西，胆子越来越大。我再次抓住它，怎么办？放还是不放？如果放，它就会继续为非作歹，主人会迁怒于我，把我撵出家门。那时，别说吃到鱼，就连一日三餐都没了着落。如果不放，老鼠或其同伙就会向主人告发这次交易，主人照样会将我扫地出门。如果睁只眼闭只眼，主人会认为我不尽职守，同样会将我驱逐出去。

一天一条鱼固然不错，但弄不好会丢掉一日三餐，这样的交易不划算。

想到这些，猫突然睁大眼睛，伸出利爪，猛扑上去，将老鼠吃掉了。

猫是聪明的，它的选择也是正确的。面对老鼠的许诺，它最终还是选择了一日三餐。猫当然希望一日一鱼，但连起码的一日三餐都保不住的话，一日一鱼便成了水中月、镜中花。

可悲的是，现实生活中的一些人，总是不安于现状，他们并不是被那些“一日一鱼”所诱惑，而是总有无止境的追求，于是，便在这所谓的追逐中失去了原本快乐的自我。

古人云：壁立千仞，无欲则刚。在诱惑面前，我们只有做到“无欲”，做到心理平衡，才能抵挡住诱惑。具体来说，我们应做到：

第一，坚定信念。

信念是一股强大的精神力量，它能起到支持我们行动的作用，是我们不断努力的力量源泉，还可以让我们的内心穿上一层保护衣，从而屏蔽诱惑。所以，在面对诱惑的时候，尤其不要放弃你心中的信念，因为它是你继续前进的动力和生存下去的支柱。

第二，认清不良诱惑的危害。

面对纷繁复杂的诱惑，人们必须保持足够的定力，认清它背后存在的各种危险，因此，当你彷徨的时候，不妨问问自己：“如果我做了这件事，会有什么后果？”“它是不是真的能带来成功呢？”“为此，我会失去什么？”多问自己几次，你就能权衡出利弊得失了。

第三，做到专注于本职工作与慎微并行。

抵制诱惑是一种意志和信念的较量。这需要掌握一种有力的心智盾牌——专注，唯有专注才能抵御诱惑。俗话说：“勿以善小而不为，勿以恶小而为之。”如果小事不注意，小节不检点，久而久之，必然会出大事。

别让欲望吞噬了你的幸福

现代社会，人们抱怨，活着真累。而人为什么活得累？就是因为要的东西太多。情感、物质、名利，不但要拥有，还要拥有最好的。于是乎，追求无止境，欲望无止境，好不容易得到了，又这山看着那山高。于是乎，还得追求，还要奋斗。好不好呢？好。人如果没有了追求，岂不成了行尸走肉！但凡事有度，如果因为追求更高更好而放弃了已经拥有的东西，如果因为奋斗失去了享受的过程，那就本末倒置了。毕竟，不是每个人都能成为比尔·盖茨，也不是每个人都能成为商界精英、政界豪客。所以，要想活得轻松，就得学会放下。放下无止境的追逐，放下永不知足的欲望，那么，你收获的就是一颗平常心，一份淡然的快乐！

有一个学者出门寻找世界上最快乐的人，他走了很远的路，问了沿途碰到的所有人，他们都说自己不快乐。

有一天，学者终于来到皇帝的宫殿，皇帝坐在用黄金做成的椅子上，他身后是一座藏有数不尽金银财宝的巨大宝库。学者问皇帝：“你一定是世界上最快乐的人了！”皇帝愁眉苦脸地对学者说：“怎么会呢？我每天要考虑所有国家大事，外敌正在入侵我的领土，我怕我的大臣起来谋反，我怕小偷偷走我的珠宝，我怕生病，我怕死亡……唉！我是世界上最不快乐的人！”

学者垂头丧气地从皇宫里走出来，顺着原路往家赶。经过一片荒野时，发现前边有人坐在一堆火旁边，一边唱歌，一边烤着什么东西，他走过去一看是一个乞丐，他奇怪地问道："看样子你一定很快乐了？！"乞丐答："我捡到了半根香肠，晚上不用挨饿了！我现在是世界上最快乐的人！"

大千世界，芸芸众生，各人有各人的活法，各人有各人的快乐，对快乐的理解也大相径庭。不同的人，对快乐的追求与体验是完全不同的：孩子们的快乐是小小的，由一串串小小细节所组成：小游戏、小零食、小礼物、小鼓励。恋人们的快乐在于浪漫的约会、甜蜜的语言，出则牵手同行、入则相拥相亲；中年人的快乐是儿成女就，事业有成；老年人的快乐则是健康、安详、平和……但所有的快乐都是建立在对先有生活的满足上的，一个已经陷入欲望的沟壑的人是永远不懂快乐的。

哲人说，欲望是人的痛苦根源，因为欲望永不能被满足。一个人离理想越远，自然就会离欲望越近。在现实生活中，我们常常迷失在理想与欲望之中，将欲望的东西当作理想，这是因为它们有时实在太近，近到只有一线之隔，或者说欲望是感性的，而理想是理性的。

可能很多人都曾经有过这样的经历：

很多年前，你贫困潦倒，那时候，你会想象，世界上最幸福的人会过着什么样的生活呢，于是，在迷茫中你为自己树立了目标。

（1）能有自己的住房和一部私家车。

（2）有一份高收入的工作，衣食无忧。

（3）有一个年轻貌美的妻子和一个可爱的孩子。

（4）实现了一个目标并取得一定的成绩。

可能这四种幸福的向往，在后期的工作和生活中一一实现，可你真的感到幸福了吗？你是不是觉得自己依然每日在不知所措的情况下活着，是不是觉得自己的目标还没有实现？那些短暂的喜悦过后，你是不是依然觉得自己所有的努力和奋斗并不能真的让你感受到快乐？

对此，你思考过没有？如果你没有那么多的追求，懂得享受当下的幸福，那么，又会是什么样的心情呢？

哲人说过，生活中缺少的不是美，而是发现美的目光，其实，同样，生活中缺少的不是幸福，而是人们不懂得放下，只有放下无止境的欲望，保持一颗平常心，学会享受阳光雨露，训练自己对幸福的敏感度。

生命只有一次，而且时间是有限的，人生在世只有短短的几十年而已。所以，每个人都应该珍惜自己的生命，在有限的时间里不要让自己太疲惫，要让自己过得快乐一点、幸福一点。人活一世为了什么？就是为了幸福和快乐，这才是最大的财富。

欲壑难填，别就此沉沦

“贪者，恶之大也”，“祸莫大于不知足”，“非智之不足，非技之不胜，利令智昏，贪婪之心，才是天下祸机之所伏。”贪婪是人性的一大弱点。一般而言，贪婪心理的形成主要有以下几个方面：错误的价值观：认为社会是为自己而存在，天下之物皆为自己拥有。这种人存在极端的个人主义思想，是永远不会满足的。他们会得陇望蜀，有了票子，想房子，有了房子，想位子……于是，他们陷入了无止境的欲求之中，一旦自己的欲求满足不了，就开始产生焦虑情绪，又有何快乐可言？

人们常说："欲壑难填"，的确，尤其对物质欲望、富贵荣耀、名利的追求，更是无穷无尽，而这，很可能会让我们迷失自己，保持一颗平常心，拿捏好尺寸，才能得之淡然、失之坦然，才能合理地节制自己的欲望！

《论语别裁》中说："有求皆苦，无欲则刚"。其实，欲是人的一种生理本能，每一个人都有形形色色的"欲"，有的时候，合理的欲望是人们生存的原动力。不过，凡事都不可过度。假如对欲望不加以合理控制，人们就会有越来越多的贪念，最终导致欲壑难填。在生活中，越来越多的贪求欲者被物欲、财欲、权欲等迷住心窍，攫求无度，终致纵欲成灾。然而，一个人活着就无法摆脱各种各样的欲望，只要有欲望，就会有所求，而有所求又必然导致人们与痛苦纠缠。有这样一个故事：

从前，有一户人家，弟兄三人。

老大是个笨蛋，村里人认为他是个智力不健全的人，如今，他已经是四十好几的人了，还没娶妻生子，一个人住在一间破茅屋里，连一件像样的衣服都没有。有人问他："你最大的心愿是什么？"他情不自禁地脱口而出："天天有新衣穿。"

老二则是小康之家，衣食无忧，但也不知道为什么，他偏偏长相难看，结果，他只能娶一个很难看的妻子。所以，当问到他的心愿时，他就迫不及待地说："天天娶美妻。"

而老三是个聪明人，会做生意，现在的他已经是富甲一方的人了，当人们问他有什么心愿时，他却毫不顾忌地说："挖一窖金。"

这是个故事，但从中足可以深刻地看出人的贪婪之心。"人心不足蛇吞象"，多么贴切的比喻。贪婪之心，就像是一个恶魔，一旦附身，就会让人迷失自己。仔细再想，其实我们每个人又何尝不是如此呢？读过这个故事，我们都应该好好反思一下了。如果我们能舍弃这些无止境的欲望，想想自己到底需要什么，我们是不是会收获更多呢？

然而，现代社会中的人们，关于欲望，拿起来容易，舍下却难。生活在商品经济的大潮里，每个人都要面对物欲横流的红尘世界诱惑，那些纷纷扰扰的现实，时刻都在迷惑着眼球，欲望追求加快了人们前进的脚步，总觉得不远处的鲜花和掌声正在向我们招手。其实，舍弃这些无止境的欲望也并非难事，只要我们学会关注眼前的幸福，体会人生，去欣赏生活中点滴的美好，我们的心境自然会豁然开朗。可见，有时，我们要懂得享受过程，真正让我们得到满足的也是过程，人的一生也是如此，最美的不是结果，而是人生的旅途。

其实，陷入诱惑的泥潭，源于内心的欲望。欲望就像毒品，是会上瘾的，当你一次满足了之后，就会不断地想要更多的欲望，那根本就是一个无法填满的无底洞，于是，你越来越难以抵御外面世界的诱惑。最后，人被欲望所控制着，甚至成为欲望的奴隶，并最终被那些诱惑所吞噬。所以，我们应该记住：想成大事，必先克制内心的欲望，学会抵御外面世界的种种诱惑。

人不能改变过去，也不能控制将来，人能控制改变的只是此时此刻的心念、语言和行为。过去和未来的东西都虚无缥缈，只有当下此刻才是真实的。因此，一个人的生命不管能否长久，生命过程应该是丰富多彩的，无论人的生命长久或短暂，人生的道路应该是宽阔有风景的，享受过程应该是愉快幸福的。

一个已经退休的富翁在海边买了一套房子，以安享晚年，这天，晚饭后，他在海边散步，看见一个衣衫褴褛的渔翁也躺在附近悠闲地晒太阳，便好奇地问道："你为什么不打鱼呢？"

"为什么要打鱼呢？"渔夫反问道。

"挣钱买大渔船啊！"

"再以后呢？"

"买了渔船就可以打很多的鱼，然后你就有钱了。"

"有钱了又能怎么样呢？"

"你就不用打鱼了，可以幸福自在地晒太阳啦！"

"我不正在晒太阳吗？"富翁哑口无言。

是啊，有时候我们苦苦追求的所谓的幸福与快乐，其实就在眼前，那又为什么不知足呢？我们中的很多人，也许经过多年的打拼和艰苦的奋斗，也会有所成就，难道一生就应该如此忙碌地拼搏到死吗？其实，享受真正的人生之旅比直到旅程结束时还没有感受到快乐重要得多。

其实，要想控制自己的欲望，我们就需要修炼自己的心情，使自己淡泊从容。但是，淡泊是一种很高的人生境界，淡泊是一种品质，一种德行，一种修养，值得你用自己的一生去追寻。当然，所谓的淡泊并不是指无欲无求。众所周知，人生就是由一个个欲望组成的，合理的欲望是人生的原动力，所以，淡泊指的是正确地取舍，属于我的，当仁不让，不属于我的，千金难动其心，这才是真正的淡泊。

第2章　对抗无度美味，抵制诱惑从管住自己的嘴开始

我们都知道，食物是人类身体的基本需求，而现代社会，随着人们生活水平的逐渐提高，对食物的要求也越来越高，食物的种类也越来越多，因此，食物对人们的诱惑也越来越大。很多人无法控制美食给自己带来的诱惑而产生一些苦恼，比如肥胖、疾病等。事实上，对美食的抵御是人类自控力的初级阶段，一个人如果只停留在满足自己的口腹之欲上，又何谈成大事呢？因此，我们每个人都应该练就抵御美食诱惑的心理能量，拥有健康、轻盈的身体，你才能以更好的状态迎接人生的种种挑战！

抵御美味是对抗诱惑的第一步

中国人常说：“民以食为天”，中国是饮食文化很悠久的国度，人们讲究吃、爱吃，在中华大地上，充满了各种各样的美味。我们从不否认食物对人的健康的重要性，“人是铁饭是钢”，食物能为我们的身体提供能量，我们只有在保证身体能量充足的情况下，才能进行正常的工作和学习，但对于食物，我们绝不能毫无抵抗力。事实上，抵御美味的诱惑是对抗其他诱惑的第一步，一个人连自己的嘴都控制不住，又怎么能控制自己的行为，最终掌控自己的人生呢？

菲琳娜是个典型的女强人，从大学毕业到现在已经有八年时间，在这八年内，她为公司带来很多利润，如今的她已经是这家公司的副总了，但

令她烦恼的是，和她的工作成绩一样，她的体重也是“蒸蒸日上”，这主要是她的饮食习惯导致的。

在曾经的几年时间内，她最大的爱好就是在办公室的抽屉里放上巧克力，她每隔半小时就得吃一块，甚至一次吃上五六块，她很喜欢巧克力在嘴里融化的感觉。只要能吃上一口巧克力，她即使再累，也会立即有了精神。

但如今的菲琳娜却不知如何是好，她知道问题出在这里，但怎么才能解决呢?

菲琳娜是个很有毅力的女人，她曾在上学时就在半个月内把成绩从全班第十名提升到全年级第三名；她曾经为了在校运动会上拿到八百米赛跑的第一名，每天早上五点起来锻炼；曾经在和一个客户打交道的过程中，她被客户拒绝了十几次却依然没有放弃……想到这些，菲琳娜告诉自己，难道区区几块巧克力就能打倒自己?

说做就做，她从自己的抽屉里撤掉了这些巧克力，把它们分给了办公室的那些下属们，当然，她常常会怀念那些巧克力的味道，她也完全可以去他们的桌子上拿一块尝尝，因为他们并不知道副总把这些巧克力分给自己的真实原因。曾经一段时间内，巧克力的压力一直沉甸甸地挂在她心头。但她问自己，如果自己偷偷吃了一块，那么，我会找借口鬼鬼祟祟吞下另一块吗?这种压力如此之大，以至于菲琳娜宁愿给十米开外的下属打电话或发邮件，也不愿意走过去面对人家桌上诱人的巧克力。

但就在三周以后，菲琳娜发现，自己完全能控制住自己对巧克力的欲望了。她甚至能弯下腰去闻下属桌上巧克力的香味而不去吃。

很多菲琳娜的姐妹都感到诧异，她们依然拿着自己心爱的奶昔、薯条，慨叹自己为什么毅力如此薄弱。相比之下，菲琳娜也无法想象自己竟有这么坚强的意志。不过无论什么原因，她做到了，现在，她又恢复了自己昔日苗条的身材，现在的她也更有自信了。

案例中的菲琳娜是个自控力很强的女人，在意识到巧克力对自己身材的危害之后，她能果断“戒掉”。这对于很多无法抵抗住美食诱惑的人来说是一个最好的激励。

美味是一种挑战——挑战人类的勇气也挑战人类的理智。我们常常以尝遍天下美味为自豪，但我们为了口腹之欲所付出的代价却仍然没有让我们明白一个浅显的道理：对于美味的诱惑，我们同样应该学会抵抗。

在我们需要抵抗的诱惑中，有名利地位的诱惑，在我们需要控制的欲望中，有对物质的欲望，有对精神的欲望，但无论如何，我们首先要做到的是抵御美味的诱惑，这是自控的第一步。因为口腹之欲是人的最基本欲望，如果连最基本的欲望都无法控制的话，在其他更高层次的欲望面前，我们又怎么能抵挡得住呢？我们不难发现，那些失败者，都是自控力差的人，而他们最大的特点就是对食物不加节制，他们控制不住自己的嘴，自然也无法控制自己的意志，更不可能取得辉煌的成就。

从另一个方面看，一个人对食欲没有自控力，如禁不起美食佳肴的诱惑，暴饮暴食，大吃大喝，就会营养过剩，造成肥胖，引发高血压、脂肪肝等各种营养性的疾病；酷嗜烟、酒，经常抽得昏天地暗，喝得烂醉如泥，这些行为都会严重损害身体健康，从根本上削弱你追求成功和幸福的资本。

一个人要追求成功和幸福，就需要有较强的自控力，这是毋庸置疑的，自控力是成功和幸福的助力、保障，同时也是一个人性格坚强与否的重要标志。自控力体现在很多方面，但抵御美味的诱惑是自控的第一步，一个能控制自己口腹之欲的人才谈得上控制自己的思想和行为，才能获得真正幸福的人生。

无度的美味会有损身心

我们都知道，人类对食物的需求是与生俱来的，我们只有摄取能量，才能维持正常的生活。随着人类生活水平的逐渐提高，人们对食物的要求也越来越高，食物的种类也越来越多，因此，食物对人们的诱惑也越来越大，事实上，我们每个人对于食物的需求量是适量的，这一点，在婴儿时期就已经体现出来了。当婴儿的身体需要食物时，他们会啼哭，这是他们发出的饥饿信号，当他们被喂饱食物后，他们便不再想吃了，但当他们长大时，他们开始丧失这个能力，并且，在某些人身上，这个能力终生都在衰退，而这些人往往最需要这个能力，尤其是那些暴饮暴食者。

事实上，生活中越来越多的人已经认识到无节制地饮食对人的身体的伤害，从生理上讲，它会导致消化功能失调，内分泌紊乱。出现肥胖、脂肪肝、高血脂、高血压等一系列病。而在心理上，无节制地饮食也会导致我们对食物产生一定程度的依赖心理，专家通过对肥胖者的研究发现，很多对食物有瘾的人开始时就是“无节制饮食者”“暴饮暴食者”，他们不理会身体的饥饿或饱胀，盲目过量，而这种饮食心理和习惯又会加剧对身体的负面影响。

我们来看下面一个案例：

丹丹今年刚大学毕业，和很多毕业生一样，她也投入了找工作的大潮中，但令她沮丧的是，因为太胖，很多用人单位都拒绝了她。看到现在的状况，丹丹后悔不已。其实，一年前的丹丹还是个身材苗条的女孩，但失恋对她的打击实在太大了，她不知道如何排遣。一个朋友告诉她，吃东西能让自己的心情好起来，于是，她开始疯狂地吃，她发现这个方法似乎真的有效，失恋期过了，她却变成了胖子。更要命的是，她居然开始迷恋美食，以前逛街，她最大的爱好是买衣服，现在则是先打听哪里有好吃的。大学的最后一年，她整整胖了四十斤，曾经那些瘦小的衣服再也穿不下了，周围追求自己的男生也没有了，她逐渐变得自卑起来，走在马路上，她总能感觉到周围人奇异的目光，而如今，找工作四处碰壁更让她倍感难受。

丹丹突然意识到，是该控制一下自己的饮食了……

从丹丹的故事中，我们看到了一个无节制饮食者遇到的苦恼。事实上，在我们生活的周围，这是很多人无法攻克的挑战。无节制饮食除了会引发一些身体健康问题，比如肥胖之外，还有其他许多方面的影响。在某一段时间内，你的身体需要进行高负荷运转，由此，会出现一系列的生理反应，我们的生命力也会被破坏。另外，我们的自我形象还会受损，相对来说，人们更喜欢那些身材苗条的人，至少我们会因此获得一些审美愉悦。再者，他们的自信心、毅力等也会受到影响；无节制饮食很容易成为一个习惯而且很难改掉。

专家警告说，一旦染上“吃瘾”，要改变这种饮食习惯，简直比那些有毒瘾和烟瘾的人戒掉更为艰难，因为民以食为天，我们每天都在通过“吃”来满足身体能量，以此来补充身体需求，我们不可能把“吃”彻底戒掉。

可能很多身体肥胖的人在饮食上都有这样一个感受：他们有一些被禁止的食物，但他们偶尔会心痒，会主动去尝试一下这些食物，他们认为只吃一口没什么事，但他们没有料到的是，他们根本没有毅力控制自己不去吃第二口，吃了一种被禁止的食物就会想吃第二种。等意识到这个问题的时候，他们发现自己在半个小时内已经吃掉了相当于一个月被禁止的食物。

而导致无节制饮食的关键是没有始终把自己的行为和最终目标联系在一起。你要问自己，你吃的目的是什么，吃完是否达到目的了？如果你能得出正确的答案，你也就能做出明智之举。

事实上，人们也找到许多能够应付无节制饮食的方法。对于某些在饮食控制这一问题上意志力较差的人来说，最好的方法就是在饮食的时间、地点以及内容上预先设定好。同时还有一些规则来帮助抵抗无节制饮食的欲望。

（1）某些食物坚决不要尝试，也就是说，没有开始就不存在停止一说。

（2）最好不要独自进食。在与他人同时进食时，暴饮暴食会让你感到尴尬，你也就能收敛自己的嘴。

（3）尽量避免与那些与你有同样饮食问题的人一起进食，因为他们的饮食习惯也会给你错误的暗示。

（4）不要在家中存储那些会诱惑你的食物。

（5）用餐之后，请立即把所有的餐具刷洗干净，然后刷牙、洗脸，这样，有事可做的你便不会因为无聊而再去进食。

以上这五点规则可能会对你有所帮助，另外，如果你实在无法控制自己的欲望，请打电话给你的朋友吧，告诉他们你的想法，让他们劝导你。

总之，你要对你自己负责，要把无节制饮食的习惯彻底根除，而不是向它投降。

学会做你身体的精神领袖

我们都知道，人的身体都有基本的生存需要，比如，衣食住行，这在马斯洛的需求层次理论中被称为身体的基本需求，也是第一层需求，然而，现代社会，随着物质生活水平的改善，人们对这一需求有了更高的要求，于是，一些负面效应也产生了，比如，肥胖、饮食无度等。那么，该怎样控制自己身体对这些物质的需求呢?

为此，一些心理学家认为，我们可以从挖掘人的潜意识角度入手，因为潜意识在经过反复强调和暗示的情况下，能影响和改变人的行为。为此，不少健康专家、心理医生也包括一些人自身也运用这一方法来介入自己的意志力对抗活动，他们强烈地希望自己能做身体的精神领袖。

我们先来看看下面的故事：

20世纪60年代，科学家们关于人类饮食文化做了很多研究，而其中一些研究彻底颠覆了人们对于饮食的观念。

他们曾经做过这样一个实验：

一天下午，研究人员找来一些被测试者，他们需要回答很多问题，所以需要很长时间。

这些被测试者被安排在了一些房间，测试人员拿来一些食物，比如巧克力、奶昔，这些被试者可以一边做问卷一边吃零食，在被试者的旁边，还放了一个时钟。为了达到实验目的，研究者对时钟做了点“手脚”，研究者发现，当他把时钟调快一点时，肥胖者比其他人吃得多，因为时钟告诉他们，快到晚饭时间了，他们饿了。他们不留意身体的内部信号，而是根据时间等外部信号吃东西。

这个实验给了我们一个启示：人们对食物的适量需求这一能力的消失是和人们自身的心理因素有一定关系的，他们并不是“吃饱了”就不吃了，也不是饿了才吃，而是根据外部信号而做出决定的。而这一点，大概也是一些人暴饮暴食的原因。但无论如何，我们都必须在饮食上进行控制，否则，一旦我们的饮食习惯失去常性时，我们就后悔莫及了。

其实，我们任何一个人，都能通过潜意识的力量来控制自己的身体，来达到抵御美食诱惑的目的，不少人在这一过程中都感到困难，但只要我们坚持下来，就能起到好的效果。

还是以饮食控制为例，简单地说，你可以建立一个习惯，一旦你想吃东西的时候，你可以躺下来，然后做一些自我引导，然后想想你达到理想体重时将会是什么样子，那时候的你应该是身材苗条的、有活力的、健康的、身轻如燕的。只要你能减肥成功，你就能好好地利用自己的天赋和才能，你可以背上行囊去游历祖国的大好河山而不会累得气喘吁吁。

如果你发现那些甜点和高脂肪食品正在向你招手，那么，你要做积极的想象而不是消极的，你不要想你有可能经不住这些食物的引诱，而应该想想避开这种诱惑的方法。

你可以想象的是，此时的你身体健康、肠胃健康，你坐直了身体，然后对这些食品微笑着说：“不用了，谢谢。我已经吃饱了。”

在你处于清醒的状态下，你还应想的是，一个连自己体重都控制不了的人还能做什么大事呢？如果你能减肥成功，你希望你的生活做出哪些调整呢？你希望实现怎样的事业？你又将会对其他的人和周围的世界做出怎样的贡献？试试把自己的这些想法写下来，即使它可能只有短短的一段话。把自己的想象变成文字可能会有助于你继续努力前进。想象成功往往会是实现成功的第一步！

无节制地饮食会对我们的身心产生巨大的危害：摄入食物太多，会导致肥胖、高血压、高血脂等一系列身体问题的出现，另外，饮食紊乱还会导致神经控制上的紊乱，而后又会加剧饮食紊乱，如此恶性循环，最终我们便很难摆脱饮食无度带来的苦恼。曾有医学专家提出了这样的忠告，在感到饿的时候再吃东西，吃得精致、素淡一点，快要饱的时候就坚决放下筷子，离开餐桌。这样，能帮助你控制自己的食欲。

美食面前，做到浅尝辄止

在物质财富极大丰富、文化多元的现代社会，各种各样的诱惑也开始充斥在人们周围，一些人很容易在追求物质的感官享受中逐渐迷失自我，像一艘失去航向和动力的大船，或远离航道，或停滞不前。事过之后才清醒，却只有追悔莫及，抱憾终生。在众多诱惑之中，我们最先应该控制的是美食，“民以食为天”，口腹之欲也是最基本的欲望。生活中，人们常说：“要想抓住一个男人的心，先要抓住一个男人的胃”，这句话足见美食对人们的诱惑。但事实上，能否控制自己的欲望，管住自己的嘴是第一步。

你是否曾经有这样的经历：你的体重已经明显超标，但看到广告单上的美食宣传，你还是忍不住尝尝？你是否是一个天天打着减肥口号而从未实施的人呢？你是不是将自己的格言定位："不吃饱饭，哪来的力气减肥呢。"……一个连自己的嘴都把控不了的人，又怎能成大事呢？

美国心理学家沃尔特·米切尔曾做过这么一项实验。

一天，他来到一所幼儿园，挑选出了某个班级的所有四岁的小朋友，然后，发给他们每个人一块软糖，并告诉他们，他有点事，大约20分钟就会回来，如果谁能在他回来前还保存着这块软糖，那么，谁就能获得第二块软糖，而假若做不到，自然就没有。

结果，如沃尔特·米切尔所预料的，有些孩子很馋，就吃掉了这块糖，而有的孩子为了得到第二块糖，便坚持了20分钟。为此，沃尔特·米切尔记下了这些孩子的名字，并对他们做了长期的跟踪调查。

等到他们高中毕业后，米切尔发现，原先那些坚持了20多分钟的孩子有这样一些更为优秀的表现：他们有很强的自信心，更独立、积极、可靠，能够很好地应对挫折，遇到困难不会手足无措和退缩；而那些没能坚持的孩子长大后大部分都表现出退缩羞怯、经不起挫折失败、好妒嫉、脾气急躁。更令人吃惊的是，他们在学习成绩上也有显著的差异，前一种孩子的学习成绩远远要好于后一种孩子的成绩！

这个实验的最终结果表明，孩子的自控能力，在一定程度上决定了他人生的未来。它同样也告诉生活中的我们，一个人的自控心理和自控力如何，直接关系到他在人生路上走得是否平衡，那些有所成就者必备的特质之一就是自控力强。

那么，生活中的人们，在数量不同的"糖"面前，你是否能看到背后的区别呢？假设现在有三块糖，你大可以一吃为快，将三块糖全部吃完，但这就意味着接下来你没有了糖，而那些聪明的人会选择一天吃一块，那么，接下来的两天，他都能尝到“甜头”了，并且，这是一种健康的饮食方法。研究表明，对于相同的食物，多分几次食用比一次性食用效果更好。在少吃多餐的情况下，所吃食物不会给肠胃造成负担，食物中的能量也能很快被身体吸收。而最为重要的是，后者训练了自己的自控力，一个能控制自己对美食的欲望的人才能谈得上控制自己的更高层次的欲望。我们再来看下面一个故事：

这天，妈妈给了洋洋一块糖，然后她把另一块糖也放到洋洋面前，说：“洋洋，现在有两块糖，你今天只能吃一块，不过你要实在忍不住了，还可以吃第二块，但是明天的糖就没有了。如果你不吃，明天妈妈会给你两块。”

洋洋很聪明，她歪着脑袋天真地问妈妈：“那我今天都不吃，明天能给我三块吗？”

妈妈很吃惊小小的洋洋居然这么问，不过她庆幸的是，洋洋才四岁，就已经有了这么强的自控能力了，于是，妈妈高兴地说：“真‘贪心’啊！”

一个小小的孩子都能有这样的自控能力，那作为成人的我们呢？其实，生活中，我们的周围何处不存在“糖”的诱惑呢？在众多美食面前，你是浅尝辄止，进而让明天和后天都有糖吃，还是一次性吃完所有美食呢？其实，我们也能看到这两种选择会带来的不同结果，那么，我们就应该做出明智的选择。

生活中的任何一个人，要想让自己具备超强的对欲望和诱惑的自控力，首先就要训练自己的初级自控力——拒绝美食的诱惑，为此，你必须要看到的是“一块糖”和“三块糖”的区别，暴饮暴食与不加节制地饮食不但会让你的身材和健康逐渐偏离正常的轨道，更重要的是，这表明你抵抗诱惑的能力正在逐渐削减！

节食减肥会消耗我们的意志力

不难发现，我们生活的周围，肥胖者越来越多。那为什么会有这样的现象呢？有关研究表明，不良的饮食习惯是造成肥胖的重要原因，其中，重要的原因就是饮食无节制、吃喝太多，除了一日三餐之外，大部分人还有吃零食的习惯，实际上，这些零食中都含有很高的热量和脂肪，也有人喜欢在睡前吃东西，然而这些糖分和营养不能及时消耗掉，容易积存在体内转化成脂肪，从而导致肥胖。

找到这一原因后，很多人开始尝试减肥，他们认为，只要节食就能取得一定的效果，而实际情况似乎并不是如此。我们只有找到肥胖者肥胖的内在原因，才能找到真正的解决方法。20世纪60年代，研究者针对肥胖者和体重正常者做了一个实验。

研究者提供了两种不同的花生，一种是带壳的，一种是不带壳的。体重正常的人吃的量并没有因花生的种类而发生改变，但对于那些体重肥胖的人，他们吃的去壳的花生远远多于带壳的花生。

因此他们从不带壳的花生那里收到的信号是：“来吃啊。”并且，这一信号远比那些带壳的花生所发出的更强烈。

从这个实验中，研究者刚开始假设的是，肥胖者体重超标的原因是：他们忽视了身体内部“已经吃饱了”的信号。这个解释表面上看实在是很合理，但后来研究者却意识到自己混淆了原因和结果，是的，肥胖者忽视内部线索，但是这并不是他们变胖的原因。

那他们肥胖的真实原因是什么呢?

真相是：他们很有可能节食，而节食的结果是他们开始依赖外部线索，而不是内部的。节食者的基本习惯是：他们根据计划吃东西，而不是内部需要。也就是说，一般来说，节食者很多时候是出于饥饿的状态的。更准确地说，节食意味着学会在不饿的时候吃，最好学会忽视饥饿感。当然，在你严格遵循规则的时候，你的规则就能帮你好好控制体重，但一旦你违反一次规则，你的违反行为就很难停下来。正因为如此，所以即使你已经吃了两个汉堡，已经喝了一大杯奶昔，但你看到甜品时，你还是有无法阻止自己的欲望。

因此，如果你是个肥胖者，你希望能减肥，但节食对于你来说并不是什么好主意。

在2007年，专家曾做过一次调查，调查结果表明，节食不仅对减轻体重或身体健康没有什么好处，而且被越来越多的证据证明有害身心。

我们的周围也不乏这样的事例：那些节食者并没有好好控制自己的体重，还使得体重反弹到减肥前的水平，甚至还增加不少。也曾经有很多研究结果显示：循环的节食会使得人的血压和胆固醇上升，会抑制人体的免疫系统，还会增加心脏病、中风、糖尿病和其他原因导致的死亡风险。如果你能回想起来，节食者还是很容易出轨的。

那么，人们为什么会产生节食能减肥的想法呢?

因人们的思维是一刀切的，他们认为，导致节食措施不起作用主要原因是，人们简单地认为不吃高热量食品最有效。事实上，这种思维导致了很多问题。人们在思维上越是抑制的东西，越是对我们有诱惑力量。

举个很简单的例子，如果你在家中放了一大杯冰激凌，然后你告诉你的孩子不许吃，那么，结果可能会令你失望。事实上，很多肥胖的女士无法抵制甜品的诱惑，也就是这个道理，他们不但没有真的戒掉了甜食，反而吃得更多，这种反弹在很大程度上是心理上的，而不是生理上的。你越是想避开某种食物，你的脑海里就越会充斥这种食物。

那么，可能你会产生疑问，难道就没有有效的减肥方法了吗？当然不是，合理和正确的饮食习惯便能帮助我们。

减肥的第一步就是建立健康的饮食方式。并不是挨饿，而是在保证必需营养的前提下尽量减少热量摄入，想尽一切办法“节源开流”。记住能量守恒定律，只要摄入能量低于身体的需要，就会动用身体里的储备，就能达到减肥的效果。

不管你的意志力如何，如果你在减肥，那么，你就不要长时间坐在甜品桌旁边，也许你会告诉自己说“不可以”，但你可能真的告诉你自己，你会不自觉地将这种“不可以”变为“可以”，因为节食对于肥胖者来说是一项耗费意志力的活动，当他们的意志力变弱后，他们又碰到特别诱人的食物。为了继续抵制诱惑，他们需要补充损耗掉的意志力。但是，为了补充那个能量，他们需要让身体摄入葡萄糖。这就是营养学上的第22条军规。另外，你需要回避甜品，或者还有更好的办法，刚开始就避免节食。不要把意志力浪费在严格的节食上，要摄入足够的葡萄糖来保存意志力，把自制力用在更有希望的长期策略上。

另外，减肥并不是要你戒掉高热量食物，而是要尽量少吃。比如，麦当劳、肯德基中的炸薯条、炸鸡、可口可乐等。这类食品的热量高、胆固醇高，吃太多不仅容易发胖，令你前期的努力前功尽弃，还会让你的体重增加。

再者，在减肥这一问题上，我们完全没有必要认为它是一个痛苦的过程，而应该把节食看作是一段有趣的经历，这样，你才更容易达到目标。

适当的运动也许能帮助到你。如果有丰富多样的运动形式穿插结合在一起，可以在一定程度上克服枯燥感。运动的方式很多，有散步、速走、跑步、跳绳、打羽毛球、登山、游泳等，你也可以在健身房实现这一目的。

现实生活中，越来越多的人饱受肥胖的困扰，肥胖不仅影响体态形象，严重的还会有害健康，很多爱美者都想远离肥胖，然而却非易事。要想解决这一问题，我们首先要弄清楚肥胖的内在原因——节食，为此，我们有必要采取正确的减肥方式。

心理战胜嘴巴需要实现自我博弈的成功

随着生活条件的改善，食欲横流，吃喝太多，长期摄入过多的动物脂肪、植物油和碳水化合物，超过肝脏的代谢能力，肝脏便被迫变成了“脂肪仓库”。很多人陷入了身体太肥胖的苦恼中，因此，管住自己的嘴很重要，当然，这考验的是我们能否自我博弈成功，我们绝不能向那个软弱的、懒惰的、消极的自我妥协，而应该坚决抵抗，否则，纵容自我就等于走向毁灭。其实，我们也不难发现，在我们生活的周围，有不少减肥成功的人，他们为什么能做得到？也许就是因为他们能做到用心理战胜嘴巴吧。我们来听一下减肥成功者的心得：

“每次当我想吃巧克力的时候，我就告诉自己，如果我吃了第一块，那么，我绝对会接着吃下去，那么，我前期的努力不就白费了？”

“我减肥的动力是每天照镜子，看到镜子里胖胖的自己，我就有毅力了，我告诉自己，如果你想变美，你就必须要管住自己的嘴。”

“肥胖实在太让人苦恼了，一个胖子很多事情都做不了，每天走路都很吃力，我告诉自己，如果我能坚持下来，就能瘦下来，我一定会活出一个新的人生。”

“我减肥的最初动力是因为一次逛街，那天，我试了件衣服，无奈，我太胖了，走出店的时候，我听到导购员在小声地议论：‘我们店还真没有她穿的号。’在那一刻，我受到了强烈的打击，我发誓一定要瘦下来。”

……

这就是意志力。的确，很多时候，在“吃”与“不吃”之间，人们常常陷入困境之中，他们制订了一定的饮食计划，“不吃”的话，又实在忍不住美食的诱惑，“吃”会让他们破坏规则，甚至让自己的食欲一发不可收拾，他们会在心底产生一个声音：“去他的。”然后说：“开始大吃吧。”那些禁忌的甜食和高脂肪食品会变得特别难以抵制。这也是节食者的苦恼，自我控制会让他们消耗掉血液里的葡萄糖。如果你曾经也节食过，那么，你肯定有种感受：你越是压制自己吃的欲望，你越是摆脱不了巧克力和冰激凌的强迫性渴望，这其实并不是一个人的心理因素问题，是有胜利基础的，因为身体本身也觉得，它“知道”自己需要葡萄糖，它还“知道”吃甜食能迅速补充葡萄糖。

曾经有一项心理实验，被测试者是一群大学生，他们被要求自我控制，这项自我控制是与食物和节食没有半点关系的，但结果却表明，他们对甜食的渴望更加强烈了。

后来，研究者允许他们在实验间隙吃点甜食，结果，研究者发现，这些曾自我控制的人吃了更多的甜食，而对于摆在现场的其他味道的食品，他们并没有多吃。

因此，从这个角度看，一个人若想管住自己的嘴巴并不是件容易的事，我们不仅需要战胜自己的心理，还需要尽量弱化自己身体的某些“知道”，当然，这更需要我们的意志力，有了意志力，再加上一些策略，我们一定能做到。

如果你对食物的渴望过于强烈，那么你可以使用以下几个策略。

首先，你可以使用延迟享乐策略：

现在，摆在你面前的是一块诱人的巧克力，你很想吃，但可以吃点别的能量低的东西，比如生菜、水果等。

你之所以渴望这些能量高、糖分高的食品，是因为你在潜意识中告诉自己它能迅速帮助你补充能量，但实际上，其他食品当然也包括那些健康食品同样能做到。

接下来，你要告诉自己，这杯冰激凌并不是你需要的，吃下它并没有什么好处。这样，你就完成了抵制美食诱惑的第一步。

其次，你应该尽量避免与那些对你产生诱惑的美食接触：

如果你的家在一家冰激凌店旁边，你是否经常有意无意地买点冰激凌吃呢？肯定是，尽管你以前没有这一爱好。那些体重超标者对那些巧克力和冰激凌等甜食“又爱又恨”，也就是这个原因，他们每天都会闻到诱人的甜食的香味，但一旦吃了这些美食之后，他们又后悔不已。因此，如果你有意避开这些美食，那么，你便能做到“清心寡欲”了。

再次，想象成功：

前面，我们已经分析过这一点，我们可以想象自己因为抵御美食诱惑而获得轻盈身体时的状态。

最后，寻找精神力量：

肥胖确实会给现代社会爱美和爱面子的人带来一定的烦恼，但你不应该因此而丧失辨别能力，你也不应该把所有的精力放到所谓的减肥和节食上，如果你能抽出身来，将自己投入到大自然中，那么，你会忘却美食的诱惑，你会感到前所未有的轻松。

你不必要总是沉浸在饮食和运动中，也不要关注那些最新的时尚美食信息，不要让这些事情消耗掉你的注意力和时间。每天早上起来，你都要告诉自己，今天你要认真、健康得多，你要对自己负责，闲暇时，不要总是约朋友去聚餐、吃饭，你可以多看看书，可以去听听话剧，可以到大自然中去，去享受一年中每个季节的不同天气的乐趣。

生命是短暂的，我们每个人都有太多的事需要做，我们需要健康和轻盈的身体，因此，我们不要总是把精力放到口腹之欲上，但抵制对美食的诱惑、管住自己的嘴巴，也并不是件容易的事，需要我们做好自我博弈，掌握一些心理策略。

第3章 拒绝婚外诱惑，让真爱经得起似水流年的打磨

生活中，我们每个人都需要爱，爱是心灵最好的滋养品、生活最强大的动力来源。爱情是世间最美好的东西，因为爱情应该是世间万物自然孕育而成，它本来是无形的，所以不能刻意地给它总结答案。恋爱中的恋人追求浪漫、激情，然而，一旦恋爱修成正果，就步入了婚姻，婚姻与爱情不同，爱情是一个选择恋人的过程，而婚姻是一辈子的坚守，其实，对于婚外诱惑来说，只是过眼云烟，而我选择爱人，根本没有什么最好，只有最合适的，学会珍惜，学会知足才是幸福婚姻的真谛。

弱水三千，只取一瓢饮

生活中，我们在一些美好的爱情故事中，经常会看到这样一句话：“弱水三千，只取一瓢饮。”这句话出自：《红楼梦》第九十一回《纵淫心宝蟾工设计，布疑阵宝玉妄谈禅》，从此，这句话就成为众生男女缘定今生的誓言之一，除此之外，还有这样一些名句：“娇玫万朵，独摘一枝怜；满天星斗，只见一颗芒；人海茫茫，唯系你一人”，含义是，花有很多，但我只摘一朵。天上的星星有很多，我只能看见你那个闪现的光芒。人海中人那么多，我思念的只有你一人。这一段话警醒人们“在一生中可能会遇到很多美好的东西，但只要用心好好把握住其中的一样就足够了”。而对于婚姻爱情亦是如此。芸芸众生，乱花迷眼。人的一生其实要求的东西并不多，一杯水、一碗饭、一句“我爱你”足矣！

“弱水三千只取一瓢”源自佛经中的一则故事：

佛祖在菩提树下问一人：“在世俗的眼中，你有钱、有势、有一个疼爱自己的妻子，你为什么还不快乐呢？”

此人答曰：“正因为如此，我才不知道该如何取舍。”

佛祖笑笑说：“我给你讲一个故事吧。某日，一游客就要因口渴而死，佛祖怜悯，置一湖于此人面前，但此人滴水未进。佛祖好生奇怪，问之原因。答曰：湖水甚多，而我的肚子又这么小，既然一口气不能将它喝完，那么不如一口都不喝。”讲到这里，佛祖露出了灿烂的笑容，对那个不开心的人说：“你记住，你在一生中可能会遇到很多美好的东西，但只要用心好好把握住其中的一样就足够了。弱水有三千，只需取一瓢饮。”

真正的爱情，需要两个人用一生固守。滚滚红尘中，两颗心互动、磨合，从最初的灵犀一动到最终的浑然一体，这也是两个灵魂不断纠缠于吸引和排斥、疏离和亲近的过程。这是一个非但不轻松而且可以说非常艰辛、漫长的过程。

对于爱情，自古以来，多少哲人都有自己的观点，接下来我们来看看苏格拉底的爱情观：

苏格拉底是古希腊最伟大的学者之一，他有很多的学生，他并不是以灌输的方式教育学生，而是喜欢通过简单、普通的行为来让学生认识到真理。

一天，他带领学生来到一片金黄的麦地旁，这是麦子成熟的季节，饱满的麦穗在风中摇曳。

苏格拉底对学生们说：“现在，你们的任务是找到这片麦地中最大的麦穗，但任务的规则是，只许进不许退，千万别回头，我在麦田的尽头等你们。谁能找到那颗最大的麦穗，谁就可以顺利毕业了。”听到老师的话后，学生们都出发了，在他们看来，这并不是一件多么难完成的任务。

绿油油的麦地里，到处都是大麦穗，到底哪颗才是最大的呢？学生们只好一直往前走，他们看看这一颗，好像不够大，再往前面看看，当他们拿到下一颗时，又觉得不够大，最大的肯定在前面，抱着这样的想法，他们总是扔掉手中的麦穗。在他们看来，这么一大片麦田，还早着呢！

学生们一边低着头往前走，一边用心地挑挑拣拣，很长时间以后，他们突然听到了苏格拉底苍老的声音："孩子们，已经到头了。"这时两手空空的学生才如梦初醒。

看到学生们失望的表情，苏格拉底对他们说："在这块长满成熟麦穗的麦田里，肯定有一颗是最大的，我们不能怀疑这一点，你们可能会遇见，但也可能遇不到，即使碰到了，也许你们并不知道它是否是最大的那颗。因为你们总认为最大的那颗在前方。因此，只有抓住手里的那一株，它就是最大的，否则，你会一无所有。"

学生们听完老师的话，才明白老师让自己摘麦穗的用意，他们悟出了这样一个道理：人的一生，就像在麦田中寻找最大的麦穗的过程，我们都在努力寻找，有的人见了那颗粒饱满的"麦穗"，就不失时机地摘下它；有的人则东张西望，一再错失良机。当然，追求应该是最大的，但把眼前的麦穗拿在手中，才是实实在在的。

然而，我们发现，一些精明的人总喜欢抱着"骑牛找马"的心态去恋爱。眼前拥有的不珍惜，结果最理想的人永远高不可攀。从这一点，我们生活中的每个人都要明白，婚姻中，唯有专一对待，一生固守一个人，才能让真爱禁得起时间的打磨，才能感知平淡日子里的点滴幸福。

事实上，人的一生都在选择中度过，婚姻也是如此，因为有所选择，所以希望最终得到的是最好的，也因为时刻都在选择，所以无法判断什么才是最好的。而其实，根本没有什么最好，只有最合适的，学会珍惜，学会包容，学会忍耐，这才是幸福婚姻的真谛。

“围城”内外需要一颗平常心

有句俗话说：“婚姻如饮水，冷暖自知。”每个人都会步入婚姻的殿堂，和另一个人开始过一种新的生活。但正如钱锺书先生在《围城》中所描述的：围在城里的人想逃出来，城外的人想冲进去。的确，相爱容易，相处难。

当今社会里，物欲横流，感情泛滥，情又为何物？婚姻总是被背叛、出轨、一夜情这样的毒素所充斥。一些人经常会用一句最简单的话“对爱人没有了激情”作为出轨的理由，去追寻激情。可是，激情过后，他们会发现外面的世界虽然精彩，可是也好无奈和虚伪，平淡才是真，爱人才是你永远的守候。

有这样一对男女，他们是大学同学，他们同时就读于艺术系，女孩的家庭环境比较好，从小被父母捧在手心里，而男孩则来自农村，父母都是农民，但这并没有让他觉得自己不如人，相反，他用自信和细心打动了女孩。

男孩很善于制造浪漫，在读大二的一个晚上，他用一个多星期的生活费买了漂亮的玫瑰花和蜡烛，在女孩的宿舍楼底下摆成了“I LOVE YOU”的字样，然后深情地对楼上的女孩唱《对面的女孩看过来》，接着就是一番表白，这样的爱情攻势女孩哪里抵挡得住，当天晚上，女孩就答应了与男孩的约会。

时间过得总是那么快，很快，他们毕业了。他们在上海租起了房子，并登记结婚了，他们需要为柴米油盐担忧，男孩再也没有精力去制造浪漫了，而女孩则还是和以前一样疯，还是希望男孩能经常给自己制造浪漫，她开始抱怨男孩不爱她了，男孩也只是淡淡地回答："你多想了。"后来，女孩就喜欢上了上海的夜生活，她总是醉醺醺地回家，再后来，她开始夜不归宿。男孩明白，即使自己再爱女孩，他们也回不到从前了。

在结婚后的半年，女孩就离开男孩去了北京，而男孩则留在了上海，过着他平淡的生活。

其实，无论是男人还是女人，都希望自己的婚姻是浪漫的，正如故事中的这对夫妻一样，在没有现实生活的压力下，他们的浪漫爱情看来那么甜蜜，但任何爱情如果经不住柴米油盐的考验，总是会夭折。因此，我们常常听人们说"越是浪漫的爱情，越是死得快"。

生活本就是烦琐的，每天油、盐、酱、醋、茶，自然少了婚前的激情与浪漫，一些人便开始对婚姻失望，甚至把矛头指向爱人，于是，生活中的吵闹便开始了。其实，人还是那个人，爱情也并未变，只是面对婚姻，一些人无法调整自己的心态，婚姻本就是平淡的。婚姻需要夫妻双方共同的经营。两个性格、成长环境不同的人走到一起，本就是一件不易的事。其实，当爱情沉淀的时候，当我们步入婚姻殿堂的时候，我们该轻轻地摇摇杯子，学会享受这份平淡的幸福。

可能我们每个人都希望婚姻能与爱情一样甜蜜、温馨，但爱情与婚姻确实有着本质的不同，婚姻终究是平淡的，因此，对于爱情与婚姻的过渡，我们也要调整自己的心态，再热烈的爱情最终也要归为平淡。任何爱情，只有经得起平淡的流年，经得起时间的考验，才能最终修成正果，愈久弥香。

学会享受平淡的婚姻，需要我们做到以下几点：

1.浪漫是婚姻的奢侈品

爱情与婚姻中，无论是男人还是女人，都希望自己的伴侣能为自己制造浪漫。诚然，浪漫能调节枯燥的婚姻生活，让爱情富有新鲜感，但一味地苛求获得浪漫，会让对方产生负重感。另外，浪漫是需要代价的，首先需要我们考虑现实的因素，制造浪漫一定要以现实生活为前提，吃不饱穿不暖的情况下又何来浪漫？有句名言说“浪漫就是慢慢地浪费”，不得不承认的是，大多数浪漫爱情的背后，都隐藏着高昂的经济成本。故事中的女孩想要的浪漫其实已经让男孩无力承担了，这也是导致他们走向不同的人生轨迹的原因之一。

也就是说，在基本生活得到保障的情况下，偶尔制造一下浪漫，可以调节爱情与婚姻生活，让枯燥的生活增添一些色彩，让你的爱人更爱你，但如果你不考虑双方的生活情况，希望每天的生活中都充满惊喜，那么，你就太贪心了。

2.学会感知真正的浪漫

在很多人眼里，所谓的浪漫就是要和高贵的服装、精美的食品以及重金打造的约会氛围相关联的，而实际上，这是一种错误的想法，浪漫是一种情感，而不是一种硬性规定，当你能赋予它属于自己的含义时，你就明白了什么是真正的浪漫。比如，对于一对婚龄很长的夫妇来说，偶尔的一封情书就是浪漫，餐桌上互相夹菜也是浪漫，甚至相拥而眠时的一句“晚安”都是一种浪漫。

3.以平和心态面对夫妻矛盾

家庭矛盾是无法回避的。既然有矛盾就会有斗争。夫妻相爱一生的经历也是“战斗”一生的过程。争吵作为一种“战斗”的方式，有时也是一种必要的而且行之有效的选择。因此不要将吵架视为洪水猛兽，吵架是我们家庭生活中的一部分，正像天晴久了下一阵雨一样地自然。

对待婚姻，我们一定要有平和的心态，要明白平平淡淡才是真的道理，只有这样，我们才能感受到婚姻生活中的浓情蜜意。

婚外激情是幸福婚姻的杀手

关于婚姻，有这样一句妙语：“婚姻是唯一没有领导者的联盟，但双方都认为他们自己是领导。”之所以这样说，就是因为婚姻需要夫妻双方共同经营。的确，一个家庭建立起来不容易，靠的是一砖一瓦，一丝一缕的温暖与感情，但想摧毁它却是轻而易举。其中婚姻最大的杀手就是婚外情，也就是生活中我们经常说的“外遇”。关于“外遇”，我们看看哲人苏格拉底是怎么界定的。

苏格拉底的妻子是个悍妇，但也是个美丽的女人。在苏格拉底五十岁那年，这个才刚满十八岁的女人却疯狂地爱上了他，在一番主动追求后，她终于如愿以偿地成为苏格拉底的妻子。

很多人感到诧异，这对看上去很不般配的两个人是怎么走在一起的。

终于有人来向苏格拉底讨教经验了：“苏格拉底先生，你是用什么方法将这么漂亮的小姑娘‘骗’到手的呢？”

苏格拉底很淡定地说：“要说什么方法，我实在没有，我只是专心致志地做自己的事，我也没有工夫去做那样的事。”

这个人不相信，便继续问：“那这么漂亮的姑娘，你不主动出击，她怎么可能会爱上你呢？”

苏格拉底抬了抬手，指了指天上的月亮说：“看到天上的月亮了吧，我们越是疯狂地追逐它，越是抓不住它，而如果我们专注于脚下的路，一直往前走时，它却会一直在你身后。”

这个人若有所思。

对于自己的悍妻，无论周围的人怎么评论，苏格拉底从不在意，他说：“婚姻是一种分析、判断和综合平衡的结果。”他认为，婚姻的真谛是平淡，直到他离开人世，他和妻子过的一直是年年如一天的平淡日子，他每天去广场和街上讲授知识，他的妻子操心于家务。即使每天喝白米粥，他们依然觉得幸福、快乐。

一次，苏格拉底的学生柏拉图问他什么是外遇。

苏格拉底也没有直接回答，而是和从前一样，让他去树林走一次，这次可以来回走，在途中要取一枝最好看的花。

柏拉图充满信心地出去。

两个小时后，他精神抖擞地带回了一枝颜色艳丽但稍稍蔫掉的花。

苏格拉底问他：“这就是最好的花吗？”

柏拉图回答老师：“我找了两个小时，发觉这是盛开得最美丽的花，但我采下带回来的路上，它就逐渐枯萎了。”

这时，苏格拉底告诉他：“那就是外遇。外遇是诱惑，它虽然激烈，但只是昙花一现、稍纵即逝，是留不住的。”

这里，苏格拉底向他们讲了一个道理：婚姻生活，平平淡淡才是真，不需要太多的激情和浪漫。对于婚姻，我们只有学会珍惜和满足，才不会让自己的心偏离正轨。

然而，现代社会，充斥在我们周围的诱惑太多了，婚外激情就是诱惑之一，一些人在结婚之后，逐渐厌倦了平淡如水的生活，于是内心蠢蠢欲动，寻找婚外激情，背叛爱人和家庭，殊不知，这是对家庭的巨大伤害，甚至可能让婚姻破裂，其实，平淡才是幸福婚姻的真谛，用心生活，用心感受点滴的幸福，婚姻才能经得起平淡的流年。

一名男子在经历了几年的打拼后，事业有成，但对自己的婚姻却产生了厌倦的情绪，对妻子的闺蜜产生了好感。在几经思索后，他决定邀请妻子闺蜜，而对方也答应了他。

出门的时候，他向妻子撒了个谎，说晚上有应酬，晚点回来，妻子也没说什么。

男子如约而至，妻子的闺蜜已经等候已久。于是，男子开始与其交谈，席间，自然要免不了谈他们共同熟识的人——妻子。男子抱怨妻子如何如何地让他感到厌倦，说妻子只懂得柴盐油米，不懂得浪漫。他试图握住妻子闺蜜的手表白心意的时候，妻子闺蜜对他说，对不起，时间到了，我答应了我的朋友。

他惊讶地说：“你朋友是谁？”

妻子女友说：“你的妻子。”

他愕然了，一副垂头丧气的样子。他居然觉得很惭愧，怎么能这样对待勤勤恳恳的妻子呢？

他拖着沉重的脚步推开家门的时候，妻子在等他。妻子对他说，这不怨你，我还有做得不到的地方。他感到无地自容，只有深深的愧疚和感动。他们俩紧紧拥抱在了一起。

后来的日子，他们彼此之间多了一份信任，一份恩爱。

这里，虽然我们钦佩于女主人公的智慧，但在现实生活中，面对外遇、出轨等情况，大部分人以报复来求心理平衡，有的人扯着对方的衣领上法院，有的人找“第三者”撕打成一团，不少家庭因此破碎。因此，我们需要知道，婚外激情要不得。

事实上，一个健康的家庭关系，是需要经过一段漫长的、心心相印、风风雨雨的过程，这也是每个人一生必修的功课，需要双方不断自我反省和调整，更重要的是两个人都懂得珍惜，在爱中学习爱。

幸福，需要静静地守候

有人说，爱情更像是一个人梦中的呓语，充满了激情，充满了非理性的狂热；而婚姻则是一个郑重的承诺，它意味着一生的守护！如何经营婚姻却是一门学问。婚姻需要夫妻双方共同的守护，既然选择走入婚姻的殿堂，就要一生守候，“执子之手，与子偕老”。

苏格拉底的学生都知道，他是一个怕老婆的人。因为苏格拉底的妻子确实是一个悍妇，经常对苏格拉底破口大骂，让苏格拉底在大庭广众下难堪。曾经有一个学生问他：“老师，你是一个学识渊博的人，为什么要娶这样一个凶悍的女人呢？这样你怎么会幸福呢？”

苏格拉底向来不喜欢直接给别人答案，他说：“我想你应该知道驯马术吧，那些好的驯马师一般都会挑那些烈马训练，因为只要能降服那些烈马，其他的马也就不在话下了。如果我能忍受这样的女人，那么，我还有什么人不能与之相处呢？”听了老师的回答，大家都对苏格拉底的风度很佩服。

不过令苏格拉底感到很欣慰和幸福的是，无论他处于什么样的境地，他的悍妻从来没有离开过他。

苏格拉底一直过的是一贫如洗的日子，在最艰难的时候，家里甚至无米下锅。苏格拉底的老岳父听说之后，来到苏格拉底的家里，拽着自己的女儿说：“跟我走吧，跟着这样的男人一点前途也没有，他从来不去工作，不去挣钱，这样的日子还怎么过，回家了，至少你不会饿死！”

老父亲的话没有动摇她坚守在苏格拉底身边的决心，她拒绝和老父亲一起回家。在贫穷的日子里，她还是会经常对苏格拉底咆哮：“这样的日子连猪也不想过。”在苏格拉底被判刑后，她冲到监狱，对那些狱卒大叫：“那是我的丈夫。”

在苏格拉底最后的日子里，她仍高喊：“他是我的！”在她最后一次来监狱的时候，她穿上了她最漂亮的衣服，头发梳得很利落，挺直了腰板，显得很庄重，因为她知道，苏格拉底最喜欢她这个样子。

很多人都会疑问苏格拉底为什么会选择这样一个悍妻，对苏格拉底来说，这就是婚姻，这就是幸福，他常说：“如果我能忍受了自己的老婆，也就能忍受任何人了！”“好的婚姻能给你带来幸福，不好的婚姻则可使你成为一位哲学家。”确实，在苏格拉底看来，他是幸福的，因为他的妻子一直坚守在他的身边，从未离开。

我们不妨再来看看下面这位妻子是怎么做的：

一个男人，事业有成，这天，是他与妻子的结婚纪念日，早上，秘书提醒他这点后，他给首饰店打了个电话，订了一枚最新款式的戒指，他对服务员说："请把戒指包好，天黑之前送到我家，给我妻子，我还要参加一个会议。"并让服务员帮忙写了一张卡片："亲爱的，晚上我还有一个会议，抱歉不能与你共同庆祝。"

晚上，开完会后，他顿感疲惫，便独自来到天台，准备透透气，就在到达楼顶门口的时候，他看见一个老师傅，在天台中央点了一排蜡烛，半跪在那里，对一位白发苍苍的老婆婆说："老伴儿，今天是我们结婚三十年纪念日，三十年以来，谢谢你对我的照顾，我们无儿无女，我希望我们都还能活三十年，彼此依靠。"简短的几句话，充满了情意，男人的眼眶湿了，是啊，两个白发苍苍的老人，尚且明白表达爱意、保鲜爱情，自己为什么总是以工作忙忽视妻子的感受呢？

接下来的事情是，他跑下楼，发动引擎，赶紧回家，当男人开车回家时，看到妻子对着一桌子的菜发呆，不禁失声哭出来。

他向妻子保证，以后每年都要带她去看看外面的世界，带她去吃最好吃的食物，看最美丽的风景，让她当世界上最幸福的女人，男人和他的妻子度过了一个快乐的结婚纪念日。

我们在感叹这一唯美故事，赞扬男主人公懂得珍惜的同时，可能忽略了这位妻子，她是个勤恳、信任丈夫的女人，深夜，她为丈夫做好了一桌子的菜，静静地等待丈夫，而并不是不停地电话催促，她的等待唤醒了丈夫的反省。可是，让人久久思量的是，生活中，有多少女人能和故事中的妻子一样，懂得守候一个男人呢？

我们每个人都需要爱，爱是心灵最好的滋养品，是生活最强大的动力来源。婚姻是爱的归宿，守护这一份来之不易的爱，才会有幸福的感觉。

给爱自由和空间，学会放手

人与人在相处的最初，总会保持一定的小心翼翼，熟稔开了便会大而化之，处久了难免会有磕磕碰碰。似乎有个说法叫：因不了解而在一起，因了解而分手。大抵有这么个意味。同样，婚姻中，夫妻双方之间，也是如此，距离产生美。然而，生活中，却有很多这样的人，他们希望二十四小时知晓爱人的行踪，对于爱人周遭的事情一件也不放过，事实上，他们没有意识到的是，任何人都需要空间，毫无距离的夫妻关系只会让彼此窒息。

“我们要天天思念，但不要天天相见；只需要悱恻缠绵，绝不要柴米油盐；有共同生活的经验，绝不用共同的房间……”现代社会，一些年轻夫妇已经采用了这一相处模式。的确，两个人结婚，并不意味着要完全做到成为彼此的一部分，更不能和过去的生活完全说“再见”，我们需要认识到距离对于夫妻关系的重要性。对待婚姻理智一点、为夫妻关系留点距离，也有利于反省我们在婚姻中的得失。

因此，我们一定要明白一点，你与爱人的关系应该是独立的，对爱人每时每刻的管制只会对婚姻起到反作用，你需要做的是放手，给爱人自己的空间。我们先来看下面一个情感故事：

老王是某单位的员工，他有一位品貌俱佳的妻子，她在单位里是中层干部、先进工作者，在家里她是贤妻良母，她对丈夫照顾得无微不至。她从不让丈夫洗衣做饭，丈夫加班，她去送饭。丈夫穿的用的，全是她买，丈夫的皮鞋、领带都是她擦、她系，丈夫“爬格子”，她总是左右侍候，端茶倒水。每每论起“内助”如何，老王朋友总是羡慕他的“福分”，羡慕他们亲密无间，朝夕相伴。

但老王总觉得自己的妻子与人家相比有天壤之别。半年后，老王居然与他的贤妻离婚了，据说单位和亲朋好友调解多次，妻子也不解地问他“哪点对不住你”，但他铁了心坚持离她而去。很多同事曾直截了当地问他是否另有新欢，是不是喜新厌旧，他只是说：“过腻了，这样活着，吊不起胃口。”

生活中，可能很多妻子都和故事中老王的妻子一样勤勤恳恳地为家庭操劳，对丈夫无微不至地照顾，他们对老王夫妻俩的婚姻结局也会产生质疑：到底哪里出了问题？从老王的话中，我们大致能了解到男人内心的想法，他们需要的是一位妻子，而不是一位母亲。朝夕相伴，无私奉献，爱情之火也不一定就能持久地燃烧。

婚姻中的任何一方都不希望婚姻是限制自己自由的枷锁，他们更希望与妻人保持恋爱时的激情，而如果你认为结了婚，爱人就完全归你所有，那么，你就错了。因为人的精神世界是一块富丽的园土，需要相对的独立，每个人都需要一些空间，不只是物理的空间，还有心灵的空间，没有这个空间，爱情就不能自由成长。

聪明的你，在婚姻中，应懂得“空间”的重要性，对爱人保持若即若离，用一点空间来稳固对方的爱意，彼此间有一点距离的张力，便能营造出一种朦胧之美，它能将两人的爱心拴得更紧。

距离左右婚姻，在现实生活中有很多这样的佐证。“小别胜新婚”就是这个道理，有了距离，你的丈夫才会对你有更多的思念，他对你的优点才会历历在目，进而更加增进彼此的思念，夫妻感情也就会随之升华。

那么，具体来说，我们该如何给爱人和婚姻自由呢？

1.给爱人一些他自己的空间

不要表现得无时无刻需要他。

2.一天只打一通电话

在对方意犹未尽时先挂断，保持适度神秘感。

3.迁就太多就成了懦弱

谁也不欠谁的，爱他是他的福气。在恋爱中两个人都是主角，要有自己的主见，懂得适当拒绝。

4.不要天天厮守

爱情的生命力是有限的，要让爱情寿命长一点就要保持一个适当的距离。

5.让彼此都有自己的生活圈子

鼓励爱人建立自己的社交圈子，同样，你自身也是如此，别一结婚就原地蒸发，和所有的朋友都断了往来，这只会让你的生活越来越狭窄。

做到对爱人放手是一种信任的表现，婚姻像我们的身体，两人之间的充分信任，以及由此产生的亲密就是喂养它的粮食，你不能一天二十四小时都吃饭，否则的话，你就会被撑死，然而，你也不可一天不吃饭，因为吃饭毕竟是一个人生存的前提。因此，做任何事都要适可而止，婚姻也一样。

可见，爱情是一种高贵的精神上的消费品，当然需要保鲜，而如何保鲜，可以说，关键在于我们如何经营，幸福的人并不一定是整日和自己所爱的人耳鬓厮磨在一起，等待自己心爱的人！归家的那份温柔渴盼更是一种发自心底的爱意涌动！

婚姻中如何防治七年之痒

爱情应该是一种很美妙的东西，因此才会有那么多的人不断地追求与向往。爱情也应该是人世间最美好的一种情感，所以才会让人品味到一种难以言明的幸福。爱情应该有超强的磁力，所以人们不惜耗尽一生的精力去追求这种至纯至美的爱情。任何一个人，都渴望收获一份美好的爱情。然而结婚后，夫妻天天生活在一起，每天重复着同样的事情，没有一点激情，久而久之，一些人会产生乏味的感觉。因此，人们几乎同时都在问一个问题，那就是“婚姻生活中的七年之痒”。那么我们应该如何去看待七年之痒，又该如何去避免七年之痒呢？很简单，为爱情保鲜。

在婚姻中，七年之痒是怎么形成的呢？实际上，恋爱和婚姻有着本质的区别，恋爱只是去寻求浪漫与甜蜜，是人生最幸福的时光，而婚姻却带有很强的责任感、家庭感、束缚感，并不像人们想象的那么幸福与甜蜜。那么恋爱和婚姻的本质差别，就直接影响到婚姻与恋爱的差距。恋爱是在交谈中，寻找彼此的优点，也就是说，恋爱中的情人总会觉得对方是最优秀的。而婚姻却是挑毛病的时间，总会认为自己的妻子或者丈夫不如别人。

这是一种心理效应，结婚后，男女应该及时调整自己的心态，让婚姻保鲜，如果没有及时采取措施，那么婚姻的“瓶颈”将很快出现。

现实生活中大部分的夫妻都可能遭遇“七年之痒”，但痒过之后，一切又都回归原本的婚姻轨迹，并不是如想象的那样耸人听闻，这当中必定有它的道理。

那么，我们该如何做才能防治婚姻中的七年之痒呢？

以下几点仅供参考：

1.给爱人一点牵挂

人离得太近了，缺点就会放大，优点就会缩小。有一点距离，有一点隐私，有一点秘密，是聪明女人的选择。自古就有小别胜新婚的说法，互相分离一段时间，彼此给对方一个相互冷静下来审视的机会。当思念的线越牵越长，被琐事磨砺的坚硬的心也才会越来越温柔。

2.保持神秘

一些人尤其是一些女性认为，结了婚就融为一体了，就不需要像恋爱时那样刻意打扮自己了。她们毫无顾忌地在丈夫面前袒露身体，不仅没有了那曾使男人为之心动的娇羞，还变得不修边幅，事实上，男人往往会在这种赤裸裸的“坦白”中失去性趣。

3.妻子要为自己的神秘感填充新的内容

在男人看来，神秘感并不是每天更换不同的装扮，而是一种内在的知识和涵养的更新。一个徒有外表的女人，也只能让男人产生一时的感觉上的新鲜感，一旦与男人相处久了，他就会发现你思想浅薄、知识贫乏，很快便失去吸引力。所以，在男女相处中，你也要懂一点相处之道，不要过快、过于充分地将自己全部暴露，要学会细水长流，渐渐地春光外泄，方能保持永恒的吸引力。

4.创造生活情趣

一年三百六十五天，每天过的都是同样的生活，不是柴米油盐，就是锅碗瓢盆，谁都会腻，谁都会烦。因此，不妨转变一下生活方式，偶尔给对方一个惊喜，在穿着、发型上变换一下，或者将卧室内的布置变换一下，都会使爱人感到新鲜。

5.小别胜新婚

不要总是二十四小时和你的爱人黏在一起。小别胜新婚，你不妨趁出差的机会给爱人一个想念你的机会；不妨偶尔和爱人分床而睡，这都会增加你的神秘感。

对于现代社会中的人们来说，无论男女，最困难的是平衡家庭和工作之间的矛盾。很多时候我们就像一个不够娴熟的“挑夫”，一头挑着工作，一头挑着家庭，为掌握它们之间的平衡而心力交瘁……但再忙再急，也不要忽视了你的爱人，忽视了幸福的婚姻才是家庭和睦的基础，为此，你不妨偶尔请爱人看场电影、吃顿晚餐。写封情书，或者偶尔放下工作，带着爱人来一次“私奔”行动……这些，都会让你的爱人感激不已！

第 4 章　远离金钱权力的诱惑，别在名利的陷阱中沉沦

在我们的一生中，充满了各种各样的诱惑，其中就有名利，在我们的生活中，一些人常把幸福感的有无和多少与名利联系在一起。诚然，没有人能回避得了名利二字，但金钱买不来健康，名声更换不来幸福与快乐。在名利面前，英雄岳飞仰天长叹：“三十功名尘与土”，把功名视为尘土；唐代大诗人杜牧歌曰：“莫言名与利，名利是身仇”，都可谓淡然与洒脱。那么，我们又何尝做不到缓下脚步，愉快悠闲地过日子，继而体味生活的美好滋味与乐趣、享受简单的幸福呢?

拜金心理会让你一步步坠入深渊

人生在世，我们都有个共同的愿望，那就是追求幸福、美满的人生。但大多数人却认为，一个人幸福与否，是和拥有多少金钱相关联的，因为金钱可以买到很多物质上的东西，比如吃穿住行可以通过金钱来改善。诚然，我们每个人都有追求金钱的权利，但一个人如果不控制自己对金钱的欲望，那么，就容易产生拜金心理。所谓拜金心理，顾名思义，就是崇拜金钱，指的是一个人什么事都向钱的方面想，喜欢金钱以至于不顾一切而盲目，是一种极端。我们先来看下面一个故事：

从前，有两个非常要好的朋友，他们经常一起干活，一起吃饭，人们都说他们情同手足。这天，他们来到房屋附近的一个树林中散步。

突然，从树林深处蹿出一个和尚，和尚慌慌张张的，两人便问其发生

了什么事。谁知，和尚告诉他们，他在种植小树苗时，突然发现了所挖的坑中有一坛子黄金。

两人一听到是黄金，顿时眼睛里生出了异样的光芒，说：“这和尚也太愚蠢了吧，挖出了黄金应该高兴才是，怎么吓成这样子，真是太好笑了。”然后，他们问道，“你是在哪里发现的，告诉我们吧，我们不害怕。”

和尚说：“我看你们还是不要去，这东西会吃人的。”

两个人异口同声地说：“我们不怕，你就告诉我们黄金在哪里吧。”

和尚无奈，只好告诉了他们黄金的位置，两人听后，就赶紧跑进树林深处，果然，在一个刚挖出的坑中，有一坛子黄金。打开坛子，这两人被黄金反射出的光震到了，谁都想将其据为己有。“这会儿天还没完全黑下来，要是把黄金拿回去太不安全了，还是等天黑。这样吧，现在我留在这里看着，你先回去拿点饭菜来，我们在这里吃完饭，等半夜时再把黄金运回去。”

另一个人便按照他朋友的办法，回去取饭菜去了。留下的这个人打的主意是：你若回来，我就将你一棒子打死，然后这些黄金都归我了。而回去取饭菜的那个人则是这样打算的——我回去先吃饭，然后在他的饭里下些毒药。他一死，黄金不就都归我了吗？

于是，接下来的一幕发生了：回去的人提着饭菜刚到树林里，就被另一个人从背后用木棒狠狠地打了一下，当场毙命了。然后，那个人看到朋友带来的饭菜，已经饥肠辘辘的他赶紧吃起来，谁知道，吃了几口，就发现肚子很疼，这才知道自己中毒了。临死前，他想起了僧人的话：“和尚的话真是应验了，我当初怎么就没有明白呢？”

这个故事警醒世人，对于钱财的贪念会把人带向罪恶的深渊，让人失去理智。它可以使人相互摧残，甚至使最好的朋友反目成仇。当生命都不存在的情况下，聚敛巨额的财富又有何用呢？

求知上进、有所追求是一件好事，但让欲望占据了内心，便给人生的悲剧拉开了序幕。尼采说，人最终喜爱的是自己的欲望，不是自己想要的东西！能够控制欲望而不被欲望征服的人，无疑是个智者。被欲望控制的人，在失去理智的同时，往往会葬送自己。难道有钱花就是幸福吗？其实不然，钱财是生不带来死不带去的东西，一个人一生真正需要的物质财富是有限的，一味地拜金，你最终会坠入深渊。

贪字头上一把刀，一旦人的内心被贪欲所吞蚀，那他必将被其毒害……人生如同一条河流，有其源头，有其流程，当然也有其终点，而不管流程有多长，有多短，终究都会到达终点，流入海洋。那么在我们活着的时候，有什么欲望是一定非要满足不可的呢？而实际上，我们每天需要的不过是三餐一宿，我们需要的物质财富也不过如此，那既然如此，为什么又要追逐那些身外之财呢？我们再来看下面一个小故事：

一天，一只鸡啄来啄去满地寻找食物，它要给自己和自己的孩子寻找可以填饱肚子的东西。突然间，它从一堆废弃的树叶中发现了一颗珍珠，它惋惜地说："如果你的主人找到了你，他会非常高兴地把你捡起来，把你当成宝贵的财富，可我要寻找的是米粒，而不是你，对于我来说，你毫无用处，一文不值啊！世界上所有的珍珠，都不如一颗米粒对我有吸引力。"

又一天，一只精明的猎狗在森林里寻找主人打下来的猎物，在偶然间看到了一袋黄金。它跑上前去嗅一嗅，懊丧地说："唉，我还以为找到了主人打下来的猎物呢！不过，我相信主人肯定会非常喜欢，说不定他一高兴就每天赏赐我几根骨头呢！"猎狗这样想着，叼起那个口袋跑到主人身边。

“你真是太伟大了！我要用其中的一块黄金给你配一身最好的行头！”主人抚摸着猎狗说。

猎狗连忙恳求道：“不，如果您不介意的话，我想每顿享用几根骨头。”笑逐颜开的主人爽快地答应了，猎狗从此每天都可以吃到骨头。

这个小故事也告诉生活中的人们，幸福不是获得更多的财富，而是得到最适合自己的东西。幸福是可以选择的，我们在选择之前，首先要弄明白自己内心真正需要的是什么，得到你所需要的，你就能获得简单的幸福。

生活中，绝大多数人为了生存，为了养家糊口，而拼命地工作。但有些人却能轻易地或者不择手段地得到所谓的幸福——钱财，这样的幸福不敢苟同。比如，有的贪官聚敛钱财，不择手段，腰包越来越鼓，胆子越来越大。这种人觉得钞票越多越幸福，幸福的已经麻木了。直到走上被告席，才知道拿自己的生命和前途换来的幸福一文不值，但后悔晚矣。

君子爱财应该取之有道，用之有度。因此，千万不要为了几个小钱而去偷盗，千万别为了财富积累而伤天害理。

一个人的人生坐标定在什么位置，就有什么样的幸福。最大的幸福莫过于好好活着，珍惜今天，珍惜当下。人生在世，会经历许多事情，坎坎坷坷，酸甜苦辣，人皆有之。一帆风顺，只是祝福语，一种愿望。其实，幸福就在我们身边，是要寻找和创造的。遵守法律和道德的幸福，是要好好珍惜的。反之，离得越远越好。

人是一个欲望和需求不断膨胀的动物，也正是由于不断增长的渴望，才使得一个人不断成长。在满足需求和追求的过程中，如果一个人的眼里只有钱，那么，他最终会成为金钱的奴隶！

名利是一把“双刃剑”，别刺伤自己

自古以来，名利就像一个明星一般，有数不清的追随者，可以说，当今世人没有谁能完全回避名利的诱惑！只不过有的人名小，有的人名大；有的人利少，有的人利多。也许人们觉得，只有获得了名利，才会感觉快乐，但果真如此吗？答案是否定的，适度地追求名利是可取的，但如果为了名利而斗“气”，超出了理智，那么，就会常常迷失自我，甚至葬送生命，哪来的幸福可言？

清乾隆时期的和珅，一生疯狂追求名利。他贪婪无度，官居宰相后丧心病狂地掠夺金钱。据史书记载，他拥有土地80万亩（1亩≈666.7平方米）、房屋2790间、当铺75座、银号42座、古玩铺13座、玉器库2间。另外还有其他店铺几十种。仅从和珅家抄没的财产就值银九亿两。最终，和珅被处以极刑，落得个一命呜呼的下场。

在追逐成功的道路上，和珅是很好的榜样。但对于名利过分看重，过分敛财，最终让他落得一个丧命的结局。

我们所说的淡泊名利，并不是说完全“出于世”“与世隔绝”、完全不要名利，而是希望人们把名利看得淡一些，千万不要斤斤计较、患得患失；而是让人们要本分一些，不要浮躁难耐、寝食难安。

名利是一把“双刃剑”，关键看我们怎么掌握，掌握好了我们会一路光明，风光无限好。而掌握不好，也可令智昏损人亦损己。因此，没有名利，我们也不可太过焦躁；有了名利应当加倍珍惜，如果过分地看重它，往往就会为其所累，以致身疲力竭得不偿失。毕竟人活着不是为了名利，而是为了人生的幸福和快乐。什么是幸福呢?

幸福说到底就是一种感觉，也就是说，是否幸福关键在于你是否觉得自己幸福。然而，我们似乎忽略了这一点，我们把自己的幸福与否建立在别人对我们的评判上，甚至一直在追逐那些虚无缥缈的、自己并不需要的东西，你真的幸福吗?

有个成功的企业家，他的成功可谓一路艰辛。他从十几岁就开始给别人帮工，每天都是早起晚睡的，忙忙碌碌，好像他就没有休息过，也没有参加过任何的娱乐活动，那段日子，他的梦想是将来自己有一间铺子。

几年后，他终于开了一间铺子。生意不错，此时，他告诫自己，自己的生意，更不能放松，于是仍然起早贪黑，匆匆忙忙，休息时间更少了。他想，等将来生意做大了就好了。

又过了几年，他的生意果然做大，拥有了数间很大的门市，每天都有几百万元的资金流动，他更不敢放手给别人去做，还是自己苦拼，联系货源，接待客户，管理账目……没黑没白，忙得如有狼在后面追一般。看他真的好辛苦，有人就劝他："你放一放可以吗?好好地休息一天，看看世界会不会大变!"

他回答："不行，我不做的话，别人会做的，前面的那些大户们我会追不上的，后面一些中小户又逼上来，放一放，我会落在后面的。"

终于有一天，他累倒了，被迫躺在病床上不能动了，以前高速运转的日子一下停下来，他终于可以静静地想一下匆匆而过的人生了。有一次，他看到一个病人被抬进手术室再也没出来，那个病人很年轻，刚刚还与自己谈过出院后要去旅行。他看着对面空空的病床，心不由一震，顿时大彻大悟了：人由生到死其实只是一步的事，这一步，自己却走得太过沉重了！一直以来，自己的名利心太重，想要的太多，然而真正得到的却很少。如果不是这次病倒，他会一直拼到五十岁、六十岁，甚至更久，没有娱乐，没有休息，最后两手空空地离开这个世界，这是一件多么可悲的事啊！康复后，他像换了一个人似的，生意还在做，只是不那么拼命了，他不再去追前面的大户，也不怕后面的小户追上来，甚至错过一笔很有赚头的生意也不会在意，人们还可以经常在高尔夫球场上看到他，有时他也慷慨地与他的家人坐飞机到外地旅游。

他终于懂得了生活的意义。

生命如此脆弱，人生苦短，除了名利外，我们还有很多值得追求的东西，如健康、幸福等，和故事中的企业家一样，及早悔悟，才能收获一份最本真的快乐。如果一辈子为名利奔波而不知疲倦，那么，到头来，也只能与“气”入土。

“家有黄金万两，每日不过三顿；纵有大厦千座，每晚只占一间”。轻看名利淡如水。人生于世，若能学水的清澈本性和“利万物而不争”的品格，则不仅精神居于高处，人生也将进入开阔处。要达到如此境界，最需摆脱名缰利锁的束缚。雁过留声，人过留名，想留个好名声，无可厚非，但不能为名所累。若淡泊名利，不为名利而争，人生必甚畅意。

简单的幸福会被名利弄得扭曲

幸福、美满的人生，是每一个人生来就追求的。但大多数人却认为，拥有名利地位、拥有奢华的生活就是幸福。而实际上，幸福是简单的，有时候，夏日里的一丝凉风、冬日里的一件棉衣就是幸福。也就是说，幸福并不是某种固定的实体，而是一种精神与物质的统一，更多地表现在精神体验上。

有一项统计显示，在美国，抑郁症的患病率，比起20世纪60年代高出10倍，抑郁症的发病年龄，也从20世纪60年代的29.5岁降低到今天的14.5岁。而许多国家也正在步美国后尘。1957年，英国有52%的人表示自己感到非常幸福，而到了2005年，只剩下36%。但在这段时间里，英国国民的平均收入却提高了3倍。

为什么人们越来越富有，反而越发不开心呢？很简单，因为人们对于幸福的要求越来越高，简单的幸福已经被名利弄得扭曲了。

人是一种欲望和需求不断膨胀的动物，也正是由于不断增长的渴望，才使得一个人不断成长。在满足需求和追求的过程中，如果你的眼里只有名利，那你的幸福感永远不会有一个底线。

在现实生活中，有一些人，他们随着年龄的增长，各方面的需求不断增加，找工作，买房子，结婚等。在名利的诱惑面前，他们不停地奔波劳碌，在一个又一个目标前奋力冲刺，这成了某些人最习惯的生活方式。纵然实现一个小目标的成就感会让自己得到暂时且短暂的喜悦感，而第二天一起床，这种感觉很快就消失得无影无踪。

还有一些人，他们衣食无忧、母慈子孝，照说，他们应该觉得自己很幸福，可为什么他们总是羡慕别人的生活和快乐，而感受不到自己的幸福呢？其实，幸福的本质不在于追求什么，获得什么，而在于珍惜你所拥有的一点一滴，让心懂得享受，学会满足。

总之，如果我们在每个清晨都能清爽地醒来，我们就是幸福的人，就应对生命的赐予感恩。

德国哲学家叔本华曾说过：“我们很少想到自己拥有什么，却总是想着自己还缺少什么！不要感慨你失去或是尚未得到的事物，你应该珍惜你已经拥有的一切。”

懂得珍惜，最为可贵，善于知足，最为幸福。当一个人珍惜了生命，生命便会长久，当他珍惜了家人、朋友之间的情感，他便能在友善的交流中，获得快乐与更多的幸福。真正的幸福不是你每天得到了一些什么，而是每天你都能对自己拥有的一切，怀抱着一颗满足、感恩、珍惜的心，如果我们能够保持着这种态度来对待生活中的每一天、每件事，那么，即使人生中有摆脱不了的悲苦、辛酸，我们也能让它们转化成有价值、有意义的事。

渴望名声的人无法从容面对人生

我们都知道，人们都是渴望被尊重的，而名人比一般人更易获得人们的重视，于是，几千年来，多少人在“逐利”的同时还“追名”，从原始人的部落，到今天高度发达的信息社会，名声无处不在。在未来的一千年内，名声也将在社会中占据重要地位。就名声本身而言，有好名声，也有坏名声，还有不好不坏的名声。喜欢好名声，鄙视坏名声，这是人之常情。有人说名称是人生的第二生命，有人认为，名声的丧失，有如生命的死亡。蒙古族还有一句谚语：宁可折断骨头，也不损坏名声。这些话都是为了维护好名声，其名声之事。名声是一个追求理想，完善自我的必然结果，但不是人生的目标。一个人如果把追求名声作为自己的人生目标，处处卖弄自己，显示自己，就会超出限度和理智。人一旦超出限度，超出理智时，常常会迷失自我，不是你想干什么就干什么，而是名声要你干什么你就得去干什么。

20世纪初，法国巴黎举行过一次十分有趣的小提琴演奏会，这个滑稽可笑的演奏会，是对追求名声的人的莫大讽刺。

巴黎有一个水平不高的小提琴演奏家准备开独奏会，为了出名，他想了一个主意，请乔治·艾涅斯库为他伴奏。

乔治·艾涅斯库是罗马尼亚的著名作曲家、小提琴家、指挥家、钢琴家，被人们誉为“音乐大师”。大师经不住他的哀求，终于答应了他的要求。并且请了一位著名钢琴家临时帮忙在台上翻谱。小提琴演奏会如期在音乐厅举行。

可是，第二天巴黎有家报纸用了地道的法兰西式的俏皮口气写道：

“昨天晚上进行了一场十分有趣的音乐会，那个应该拉小提琴的人不知道为什么在弹钢琴；那个应该弹钢琴的人却在翻谱子；那人顶多只能翻谱子的人，却在拉小提琴！”

这个真实的故事告诉世人，一味追求名声的人，想让人家看到他的长处，结果人家却偏偏看到了他的短处，这样的人又怎么能从容面对人生、享受人生呢?

德国著名哲学的先驱者叔本华说：“凡是为野心所驱使，不顾自身的兴趣与快乐而拼命苦干的人，多半不会留下不朽的遗物。反而是那些追求真理与美善，避开邪想，公然向公意挑战并且蔑视它们的错误之人，往往得以不朽。”

居里夫人是发现镭的著名科学家，为人类做出了卓越的贡献，她又是怎样对待名声和荣誉的呢?

一天，居里夫人的一个女友来她家做客，忽然看见她的小女儿正在玩英国皇家学会刚刚奖给她的一枚金质奖章，便大吃一惊，忙问：

“玛丽亚，能够得到一枚英国皇家学会的奖章，这是极高的荣誉，你怎么能给小孩子玩呢？”

“我是想让孩子从小就知道，荣誉就像玩具，只能玩玩而已，绝不能永远守着它，否则将一事无成。”

谚语云：“名声躲避追求它的人，却去追求躲避它的人。”现实生活当中，很多人抵抗不住虚名的诱惑，追名逐利，处处钻营，不惜血本地去溜须拍马，阿谀奉承，为满足自己的一官、一事、一职之贪。比如，有些人靠金钱开路，买官青云直上。官越大，自己觉得越幸福。可以出人头地，可以吆五喝六，也可以把损失捞回来。这种投机钻营得来的所谓幸福，迟早一天会搬起石头砸自己的脚。因为他们用钻营谋来的权势，对上不得不唯唯诺诺，言听计从；对下虽能专横跋扈，逞一时之威，可是不受百姓拥戴，就像无源之水易于干涸，无本之木易于腐朽一样。

实际上，功名可求不可贪，还是把精力放在干些实事上吧。切记不要用钱去谋取权力，也不要用权换取金钱的侵蚀。它于己无益，于社会更是有害。

挣脱虚名浮利的诱惑，才会收获简单的快乐

很多人认为，幸福最简单的模式就是拼命挣钱，当积蓄能够满足自己的挥霍后，再拥有一官半职或者一定的社会地位，那么，享受的人生就此拉开序幕。在这之前，不停地拼搏和奋斗，才是有志向、有抱负的表现。现实果真如此吗？当然不是！享受真正的人生之旅比直到那旅程结束时还没有感受到快乐重要得多。有钱有权的富贵们，不一定人人都开心，个个都能领略生活的乐趣。

曾经有个大富翁，家有良田万顷，身边妻妾成群，可日子过得并不开心。挨着他家高墙的外面住着一户穷铁匠，夫妻俩整天有说有笑，日子过得很开心。

一天，富翁小老婆听见隔壁夫妻俩唱歌，便对富翁说："我们虽然有万贯家产，还不如穷铁匠开心！"富翁想了想笑着说："我能叫他们明天唱不出声来！"于是拿了两根金条，从墙头上扔过去。打铁的夫妻俩第二天打扫院子时发现不明不白的两根金条，心里又高兴又紧张，为了这两根金条，他们连铁匠炉子上的活也丢下不干了。男的说："咱们用金条置些好田地。"女的说："不行！金条让人发现，别人会怀疑我们是偷来的。"男的说："你先把金条藏在炕洞里。"女的摇头说："藏在炕洞里会叫贼娃子偷去。"他俩商量来讨论去，谁也想不出好办法。从此，夫妻俩饭吃不香，觉也睡不安稳，当然再也听不到他俩的笑声和歌声了。富翁对他太太说："你看，他们不再说笑，不再唱歌了吧！办法就这么简单。"

铁匠夫妻俩之所以失去了往日的开心，是因为得了不明不白的两根金

条。为了这不义之财，他们既怕被人发现产生怀疑，又怕被人偷去，有了金条不知如何处置，所以终日寝食难安。

现实生活中也是如此，有些大款虽然守着一堆花花绿绿的票子，守着一幢豪华的洋房，守着一位貌合神离的天仙，却未必能咀嚼到人生的真趣味。幸福不幸福，同样也不能用手中的“权”来衡量。有了权，未必就能天天开心。我们时常看见，有些弄权者为了保住自己的“乌纱帽”，处处阿谀逢迎，事事言听计从。失去了做人的尊严，哪里还有什么真正的开心？

有的人利用手中的权，拿公款大吃大喝，游山玩水，上歌厅舞厅“泡妞”，虽然获得了一时的感官刺激，找到了一时的开心，却给自己带来了诉不完的懊悔。他们就像歌德笔下的浮士德，拿自己的灵魂去换取一段开心快乐的时刻，结果变成了傻瓜，他们最后失去的不仅仅是快乐和开心，甚至连生命也一起失去了。

在俄国诗人涅克拉索夫的长诗《在俄罗斯，谁能幸福和快乐》中，诗人找遍俄国，最终找到的快乐人物竟是枕锄瞌睡的农夫。是的，这位农夫有强壮的身体，能吃、能喝、能睡，从他打瞌睡的倦态以及打呼噜的声音中，无不飞扬和流露出由衷的开心。这位农夫为什么能开心？不外乎两个原因，一是知足常乐，二是劳动能给人带来快乐和开心。

法国杰出作家罗曼·罗兰说得好，“一个人快乐与否，绝不依据获得了或是丧失了什么，而只能在于自身感觉怎样。”

曾经有一名律师，他很年轻，在纽约一家知名公司上班，并即将成为合伙人。他的办公室宽敞明亮，坐在他的高级公寓里，中央公园的美景一览无余。年轻人非常努力地工作，一周至少干60个小时。早上，他挣扎着起床，把自己拖到办公室，与客户和同事的会议、法律报告与合约事项，占据了他的每一天。当本·沙哈尔问他，在一个理想世界里还想做什么时，这名律师说，最想去一家画廊工作。

“难道说，现实世界里找不到画廊的工作吗？”年轻人说不是的。但如果选择去画廊工作，收入就会少很多，生活水平也会下降。他虽对律师楼里的人很反感，但觉得没其他选择。

现实生活中，有很多人，为了金钱的保障，被一个不喜欢的工作所捆绑，他们每天并不开心。

据有关机构统计，在美国，有50%的人对自己的工作不甚满意。这些人之所以不满意，并不是因为他们别无选择，而是他们自己做出的决定，让他们不开心。因为他们首先看重的是物质与财富，随后才是快乐和意义。实际上，我们虽然无法改变自己的境况，但我们可以改变自己的心态。没了工作不要紧，但不能没有快乐，如果连快乐都失去了，那活着还有什么意义。快乐是人的天性的追求，开心是生命中最顽强、最执着的律动。

可见，不管富贵与贫穷，在物质世界和精神世界中，只要开开心心，生活的趣味就会更浓厚，恐惧和压抑感就会自然从内心深处消失。坦坦荡荡地做人，开开心心地生活，美好的日子就会处处飘满幸福的花香。

真诚地追求梦想，别在名利中沉沦

生活中，人们常开玩笑说：“梦想很丰满，现实很骨感。”的确，我们每个人来到这个世界上，都想在这个世界上留下点什么，我们都历经了艰辛、困难、挫折、失败变得沮丧变得没有自信，从而放弃了原本的努力和追求，我们是如此地无奈。但是，成功的能有几个，大部分都是平凡的人碌碌无为地度过这漫长的一生，只是我们每个人都有着属于自己的梦想，但是为了生活，为了生计，却与当初的梦想背道而驰。这应该是大部分人的成长轨迹。然而，也有一部分人，年少时他们也曾有着自己的梦想，但在不断地追求梦想的过程中，他们经受不住来自外界的诱惑，逐渐被尘世中的名与利迷乱了双眼，并在名利中沉沦下去，而当他们回首过去，却发现，自己已经离当初的梦想很远了。

王小风和李欢是两个很好的朋友，他们一起从家乡偏远的小城镇考到了上海数一数二名牌大学的建筑系。在高中时代，王小风的成绩明显地盛过李欢一筹，但这种现象在大学时期并不是很突出。在四季的更替中，四年大学生活很快就结束了，李欢由于善于交往，有着不错的人际关系，毕业后落脚上海，而且捞到了一纸上海户口。而王小风则在毕业之前因家里父亲病重而回了趟家，考研及毕业联系就业单位的事情全耽误了。随后他一路不顺，在上海尝试到几家公司去应聘，均遭到失败。最后，他回到了老家的食品厂就职。

在刚开始时，王小风对于工作很不适应，这里的人也与他格格不入。他仍然保有考研的志向，并坚持学习着。但离下次研究生考试还有近一年的时间，他在这漫长的等待中煎熬着。

在接连收到单位发放的还算不错的工资和奖金后，王小风似乎觉得有些满足了，他渐渐地适应了小镇的环境和单位的境况，而且学会了揩油，时不时也能尝到在这里工作的甜头。后来，考研的话越来越少地被他提起，他似乎开始享受这种不愁吃喝的生活。没多久，有人开始给他做媒，单位也决定给他分房，涨工资……

就这样，一晃十多年过去了，他依旧在食品厂工作着，安逸的生活让他将考研抛到了九霄云外。晋升为厂里的副总，开着名车，住着别墅，显得风光极了。可是一起事件结束了这一切，原来，他为了扩充食品厂的厂房基地，看中了市郊的某片地，在投标的过程中，他使用了一些非法手段，当然，这些被曝光后，他只得身陷囹圄。

其实，生活中，和故事中的王小风一样，因为一些蝇头小利而放弃自己当初的梦想，甚至自甘堕落者并不少见。

从小到大，每个人都会有许多梦想。有人说，“年少时，梦想往往很远大；成年后，梦想常常会缩小。步入盛年，我们的梦想或许越来越少；但是，我们的梦想不再不切实际，而是可以通过努力去实现的。”但实际上，年少时的梦想本来同样可以实现，只是很多时候，在名利的追逐中，我们把它搁浅了。的确，名利的车轮沉重缓慢得碾碎了许多人的梦想。

那么，我们如何做到在追求梦想的同时不在名利中沉沦呢?

1.树立正确的人生态度

人生态度，是贯穿于人的一生的，它具体表现在人们对于人生所遇到的每个问题上的态度，这种态度决定了人们的行为。当然，人们的人生态度不同，在人生的每个阶段的态度也有所不同，但正是因为人生的态度的不同，从而引发了不同的人生结果。

一个人只有拥有正确的人生态度，才能正确处理好人生道路上的种种问题，才能获得成功、圆满的一生，否则，他不仅在每个具体问题上失败，而且他的一生也不会有一个好的结局。

2.坚信自己的梦想

据说，有一次，爱因斯坦上物理实验课时，不慎弄伤了右手。教授看到后叹口气说：“唉，你为什么非要学物理呢？为什么不去学医学、法律或语言呢？”爱因斯坦回答说：“我觉得自己对物理学有一种特别的爱好和才能。”

这句话在当时听起来似乎有点自负，但却真实地说明了爱因斯坦对自己有充分的认识和把握。

人说，人生路漫漫，人生路奇妙，因为各种突如其来的选择，使我们与许多本来有缘的道路绝缘，又会走上本来不应产生关系的道路。你需要做的是，树立正确的人生道路，赶快企划自己的人生，永远给自己一个新的机会，才能离属于你的舞台越来越近！

第5章　分清诱惑与机遇，别被诱惑的糖衣迷失双眼

大千世界，充斥在我们眼前的诱惑实在太多，在两千年以前，老子就说："五色令人目盲；五音使人耳聋；五味令人口爽；驰骋田猎，令人心发狂；难得之货，令人行妨。"生活中，有多少人在尚未成功就已经深陷在金钱名利、声色犬马之中。然而，成大事者，要想抵制诱惑，首先要认清诱惑，因为通常诱惑都是伪装成机遇的面目出现在我们身边，我们只有分清诱惑与机遇，并忍耐心中的欲望，才不至于被诱惑的糖衣迷住双眼，而让自己后悔终生，唯有如此，方能成大事。

同时追两只兔子，终将一无所获

猎人追赶兔子时，如果同时出现两只兔子必定会舍弃其中一只，而专心瞄准另外一只，如果他两只都想捕获，在两只兔子之间来回折腾，结果必定是白费力气，一无所获。其实，在人生目标的选择上，何尝不是如此呢?

人生在世，我们面临的抉择实在太多。而有选择，自然就会有放弃。因为鱼与熊掌不可兼得，如果你什么都想要，那么，最终，你很有可能什么也得不到。那么，哪个会被你忍痛割爱？人生旅途中，经常会遇到三岔路口，该何去何从?

很多时候，我们遇到的选项都是非常具有诱惑力的，但却不能同时拥有。在鱼与熊掌的选择中，我们往往会斤斤计较，患得患失，优柔寡断。但必须要明白的是，你必须学会抉择，学会舍得。生活的辩证法也告诉我

们这一定理，“得”与“失”之间也是矛盾的统一体，在鱼和熊掌不可兼得时，你必须有取有舍。取就必须舍，舍了才能取。

有这样一个很有趣的故事：

在仙雾缭绕的山中，有一位仙子，她有伟大的神力，可以决定什么花开成什么颜色、什么样子。

有一朵蓓蕾，它非常美丽，很受仙子喜爱，仙子给了它优先选择颜色的特权。然而，令仙子失望的是，蓓蕾因为选择太多，一直拿不定主意。在花季过了之后，仙子在山谷中发现了她——一朵未及开放便枯死了的蓓蕾，只是因为她选择太多却始终无法作出选择。

这朵蓓蕾为什么会最终凋谢？就是因为它什么都想得到，最终错过了花期。其实，我们人类何尝不是在重复着这样的悲剧呢？我们的一生，会经常站在抉择的交叉路口，而且，很多时候，这些选择是单项的，比如学业上，填报志愿时，你有两个都很喜欢的专业；就业后，你遇到了两份都不错的工作；到了适婚年龄，你周围的异性都让你很满意……当遇到多个选项、鱼和熊掌又不可兼得的时候，你有能力和魄力作出明智正确的抉择吗？

森林里，有一只淘气的猴子。一个周末，它来到一片桃树林，它一看，树上的桃子又大又红，看着就很好吃，于是，它赶紧爬上树，摘了好几个。

它抱着这些大桃子，接着往前走，过了一会儿，它又看到一片玉米地。“多大多棒的玉米啊！我得带几个回去。”猴子这样想时，就已经扔下了手上的桃子，跑到玉米地里，马上摘了几个大玉米棒子，然后抱着玉米继续向前走。

又过了一段路，它又被眼前一片绿油油的西瓜地吸引，到处都是又大又圆的西瓜，它心想："滚圆的大西瓜一定很甜，我得摘一个回去。"于是，它又扔下了那些玉米，赶紧摘了一个大西瓜，满心欢喜地往前走。

正当它准备回家时，却看到一只可爱的兔子从自己的身边蹿过去，于是，它高兴极了，大喊道："我要抓个兔子带回去！"

它满脑子都是小兔子，哪里还想要大西瓜，于是，它又把大西瓜扔了，然后去追兔子了。追了好几个小时，它也没追上。最后，小兔子蹿到另外一片树林里，再也看不见了。小猴子想想，还是算了，不追了。

玩了半天，天渐渐黑了下来，小猴子有些害怕，赶紧往回走。回到山上，当妈妈问它带回什么东西时，小猴子两手空空地低下了头。

我们看完这个故事，肯定会取笑故事中的猴子，它总以为更好的东西在前方，于是，不断地舍弃，到最后，什么都没得到，只得空手而归。而其实生活中的我们又何尝不是如此呢？

现在的年轻人有许多梦想，但缺乏围绕一个目标执着追求的精神，想功名利禄一锅端，尽收囊中。有的人一边经商，一边又想着从政，结果商路未走好，仕途又不得志。有的人从事学术研究，却心浮气躁，走歪路想发财，整天把心思用在引进资金上。结果是学术研究荒废，项目资金又无处落实。

事实上，人生要想有所成就，就得果断地取舍，舍鱼而求熊掌，选择一个最能体现自身价值的目标，知道自己最能做什么，排除杂念，全身心地投入其中。而过多的欲望则导致一无所得，最终感到后悔而失落。

可能你会认为，摆在眼前的都是我所爱，舍弃任何一个，都会让我痛苦。但你必须明白的是：只有果断地放弃其中之一，才会得到、拥有其中之一。只有作出选择，才不至于什么都得不到。选择是一门看似简单却十分有讲究的艺术。人的一生，就是一个不断进行选择的过程。选择的正误和效率，是一个人价值取向、思想水平、道德意识和判断能力的综合反映。

人无远虑，必有近忧

在生活中，我们常听人们说：“人无远虑，必有近忧”，这句话的含义是，如果你没有长远的打算，那么眼前就一定有麻烦。老人们也常常说：“做事之前就要想到后面四步。”其实，人生在世，我们所走的每一步，都不能浑浑噩噩，而应该站得高、看得远，当然，我们不可能看得太远，但至少我们应该看见下一步。做事情，不仅需要稳当、周全，而且，不要急于求成，更不要被眼前的小事所累。一个成大事的人，眼光总是比身边的人看得稍远一点，他不被眼前的所谓机会所迷惑，而是看得更远。

生活中，我们经常可以看到，那些成功者往往都是思路开阔、目光长远，而那些目光短视、“利”字当头、只在乎眼前的一点蝇头小利、什么亏都不能吃的人无法长久地富裕。由此证明，思路决定人生成败。

著名的美孚公司曾做了一次赔本买卖，可是，从最后的结果来看，它虽然放弃了眼前的利益，却收获了长远的发展，小利变大利、利滚利、利翻利，先前看似赔本的“买卖”，最终却收获了高额的利润。这是一种商业中的计谋，也是每一个人需要的智慧。有时候，之所以需要我们放弃眼前唾手可得的东西，不要为它所累，其实是为了以后更长远的发展。

最近，公司打算提拔一批年轻人进入管理层，对此，作为公司年青有为的小李兴奋不已。机会终于来了，煎熬的日子总算是过去了。小李其实在很久以前就瞄到了这个机会，当时，经理就话里有话："以后发展的机会多得是，不久以后，我们就有一次大的人事调动。"这么久以来，他都是不为任何职位所动，就等待着这一天。

原来，早在六个月以前，公司就进行了部门内部的人事调整，当时，作为刚刚进入公司不久的小李满怀兴奋，希望借此机会能够翻身。谁料想，整个部门就十几个人，就为了部门经理这一个位置，每个人都报了名。小李当时就泄气了，自己还去不去争取呢？如果去争取，自己又是一个新人，估计成功率很小；如果不去争取，又怕错失了这个机会。

正在小李思考的时候，坐在旁边的经理说道："年轻人，我挺欣赏你的，不过，这一次，我奉劝你还是静止不动，你去争取根本没有多大的胜算，首先，你的资历还不够，工作经验都没有，怎么有资格去争取？其次，你还年轻，后面的机会还多的是，以后我们公司还会进行大的人事调动，到那时候，你已经羽翼渐丰，则可以赢得最好的职位。"小李听了，顿时觉得豁然开朗。

果然，经过了六个月的历练，小李在公司里小有名气，再凭着他在工作上优秀的表现，在这次人事变动中，小李轻轻松松就坐上了销售总监的位置。

在现实工作中，小到一个职员，大到一个公司，都需要有长远的打算，如果你只着眼于眼前的小恩小惠，迟早有一天你将被利益所吞噬，职场生涯同时也宣告结束。其实，即便是工作也不能含糊，对于这样一件事情也需要我们的谋算，将自己的眼光放得更长一些，不为眼前的小事所累，学会忍耐，这样我们的职场之路才会走得更远。

在生活中，许多人之所以会不断地失败，那是因为只看到了眼前事，做事不彻底，往往做到离成功尚差一步就停止不做了，自然，他们也就与成功失之交臂了。对于我们来说，在做每一件事情时更需要有长远的眼光，不计较眼前的小事，而是关注于长远的发展，从而达到舍小利而保大局的目的。不过，在现实生活中，有的人鼠目寸光，吃不得眼前亏，心胸狭隘，容不得一点损失，最终，他们难以成就大事。

因此，生活中的人们，一定要舍弃“今日事，今日毕”或者“做一天和尚撞一天钟”的思维习惯，而应该做到“明日事，今日思”，待到完成了今天的事情，就考虑“明日事，如何为？”长此以往，你就锻炼出了灵活的思维习惯，考虑事情时自然能从大局出发，很多鼎鼎大名的富翁财富的获得就是这样一种思路的运用。

权衡利弊，别因蝇头小利而一叶障目

生活中，在我们的周围，总是有一些人，他们总以为自己很聪明，懂得抓住眼前利益，而事后他们发现，原来自己是舍本求末，因为自己被一时利益所迷惑而失去了更大的利益空间。相反，那些智慧之人，往往都具有更长远的眼光，他们在行事之前，都会权衡利弊得失，更不会因为一些蝇头小利而一叶障目，他们懂得放下，可见，眼光在生命的价值中折射出舍得的智慧。具备长远的眼光，放下小利，方可成就大业。

从前，在英国的一个古镇上，住着一个六十几岁的富有老绅士，可惜的是，他膝下无子。他年纪越来越大，也慢慢考虑要找个继承人了，最关键的是，他也需要人照顾。他想从村里的这些孩子里挑选出一个，可是，该选择谁呢？他最欣赏那些能抵御住诱惑、没有好奇心的孩子。

镇上的很多孩子在知道老绅士要寻找一个财产继承人的时候，都纷纷给老绅士写信。很快，老绅士就收到了二十多封求职信。

这天早上，三个打扮得干净利落的少年出现在了老绅士的客厅。

老绅士先考核的是一个叫杰克的人，他被带到了一个房间，然后，引他进门的人便出去了。杰克一人坐在了沙发上，刚开始，他等待着老绅士的到来，但一个小时过去了，还没人敲门，他就躁动起来了，他才发现，原来房间里有这么多好东西。他终于站了起来，东瞧瞧，西看看。他发现，房间的桌子上放了一个罩子，他心想，罩子下面不是美味的蛋糕就是诱人的饮料，于是，他掀起了罩子，结果，他看到的却是一堆轻轻的羽毛，因为他掀罩子的力气太大，这些羽毛已经开始飞起来了，杰克意识到自己可能错了，但羽毛已经飞得满屋子都是了。

接下来被考验的是亨利，在他所在的房间里，放了很多他喜欢吃的葡萄，他忍了好久，终于偷吃了一个，吃完，他后悔了，但他又马上安慰自己，没事的，反正这么多，吃一颗不会被人发现的。吃完以后，他发现，葡萄真的好吃，再吃一颗吧，他真的又拿起了一颗。其实，老绅士在这盘葡萄里做了“手脚”，他悄悄放了一个辣椒，亨利不小心吃到了，他的喉咙像着了火一样。结果，他也被老绅士打发走了。

最后出来的是哈利，他是个守规矩的孩子，他一直在房间里坐着，周围好吃的、好玩的东西太多了，但他一直没动。半小时后，他被许可为老绅士服务。就这样，哈利一直服侍老绅士，直到他离开人世。老绅士临死之前，将所有的财产都送给了哈利。

生活中的我们就像是故事中杰克和亨利一样，总是忍不住被眼前那些小利益诱惑，而最终失去了更长远的利益。其实，这些小利益对于我们来说，之所以能那样吸引人，在于它本身就是带刺的玫瑰，表面上看着美丽，实际上却是不折不扣的陷阱。在通往成功的路上，我们会遭遇不同的利益诱惑，只要我们能够忍耐欲望的吞噬，按捺住内心的悸动，那最后的胜利就是属于我们的。

只是更多的时候，我们舍不得放弃手头实实在在的利益，心里想的也是怎样保证眼前的利益不受损失。殊不知，这样做只会任机会溜走，不但不会有所得，严重的还会失去更多。舍小利以谋远，关键在一个“舍”字，只有舍得，才能获得。

古今中外，有很多人因为鼠目寸光而失去长远发展的机会，却也有很多人因为眼光长远而成就丰功伟业。

从前，有个叫仲永的孩子，他很小的时候，就表现出与众不同的才智。

五岁的一天，他突然苦恼着要纸和笔，可他们家里实在是太穷了，哪里有闲钱买这个呢？于是，他的父亲只好从邻居那里借来这些东西，看到纸笔后，他马上不哭了，还写了一手好字呢！

很快，方圆几十里的人都知道一个没读书的孩子居然会写字，他的父亲一看自己的孩子像个神童，便带着他到处去给人写字，有的人为了感谢他就给了他一些银子，他父亲认为仲永能帮他挣钱了，就不让他去读书，而以此为谋利的机会。

过了很多年后，有个出外很多年的人回来了，他向村民打听仲永的情况，问：“仲永现在如何了？”有一个人回答：“跟普通人没什么两样了。”

仲永本身是个资质不错的人，可最终却“泯然众人”，这就是因为他的父亲鼠目寸光，以仲永现有的天资为赚取利益的资本，而没有给仲永提供良好的学习环境，导致他“小时了了，大却不佳”的不幸结局。

事实也证明，懂得放弃眼前的利益，甚至是吃点小亏的人，最终获得的是比当时还要大上几倍甚至几十倍的收益。在现实生活中，无论是与人竞争还是与人合作，我们都不要总是计较眼前的利益，而是要把眼睛看到远处，懂得从长远利益出发，舍小利为大谋，这正是一种人生倒推的博弈智慧。

天下没有免费的午餐

老子《道德经》中曾有这样的记载：“将欲去之，必固举之；将欲夺之，必固予之。将欲灭之，必先学之。”主要意思是：想要夺取它，必须暂时给予它。你想要得到什么，必须先要付出什么。这句话流传至今，已经变成“将欲取之，必先予之”。的确，没有谁能随随便便成功，也没有人能不劳而获，今天的成功就是因为昨天的积累，明天的成功则有赖于今天的努力。其实真正的成功是一个过程，是将勤奋和努力融入每天的生活中，融入每天的工作中。

从前，有一位明君，他勤政爱民，他在位的那些年，国家风调雨顺，人民安居乐业。但年逾花甲的他渐渐担心，万一有一天自己离去了，他的人民该怎么办？他们还会幸福吗？一直被这问题困扰的他，召集了很多有识之士，希望能寻找到一条能保人民生活幸福的永世法则。

三个月后，这些学者把一本编好的书交给国王，并对国王说：“国王陛下，天下间永葆幸福的法则就在这本书里，只要人民每天都阅读它，就能生活无忧了。”国王不以为然，因为不是每个人都认识字，也不是所有人民都愿意读这本书。于是，这帮学者必须接受国王的命令——继续寻找这一保人们幸福的法则。

又过了一个月，学者们把这本书简化成十张纸。国王还是不满意。再一个月后，学者们把一张纸呈给国王。国王看后非常满意地说：“这就对了嘛，只要我的人民都能遵守这一条法则，还怕过不上幸福的生活吗？”说完便重重奖赏了这些学者。

原来这张纸上只写了一句话：天下没有不劳而获的东西。

我们的生活中，总是有一些人，他们希望自己能得到命运的垂青，能快速发达，但他们却忽视了一点：想要有所成就，就必须脚踏实地地努力做事。任何投机取巧的心态都是要不得的，只要我们能克服这一点，那么，成功就离你不远了。因为投机取巧的心态正是全力以赴的大敌。记住：天下没有不劳而获的东西！

万通集团创始人冯仑曾经谈到一个观点，作为一个商人，只有做到将“权”与“利”统一起来，才达到了最高境界。你获得了财富，然后依法纳税，这是一种责任，尽管赚钱是商人的最根本目的，但只有懂得给予才能真正地得到。

今天不过去，明天就不会来到，再伟大的理想，如果没有一天一天的累积，也会倾塌。在生活中，输得最惨的不是那些笨人，而是那些聪明人！为什么呢？很简单，笨人承认自己笨，所以他们会脚踏实地地工作，最后他们都实现了自己的目标；而聪明人认为自己已经足够聪明，总想着耍小聪明，投机取巧，所以往往输得很惨，所以智慧和实干比起来，实干更加不可或缺。

曾经有一个养殖村，这个村子里的村民基本上都以养猪为生。

一次，村里的猪圈被邻村的人破坏了，几头猪跑了出去。这些猪经过“放养”以后，变得很凶悍，人们很难捕捉到它们。

一天，村里的一个老者说自己要把这些猪都捕捉回来，人们都嘲笑他，因为即使村里那些猎手，也很难做到。然而，老人却做到了。

老人是这样做到的：他首先找到这些猪经常出没的地方，然后在空地上放少许谷粒当诱饵。刚开始，这些猪还有点聪明，都不靠近这些谷粒，但几天之后，它们发现这些空地是安全的，便把那些谷粒都偷吃了。随后，老人又在空地多放了些诱饵，只是几尺远的地方竖起一块木板。这些猪一看到木板，就“撤退”了。但面对那些诱人的谷粒，它们还是经受不住诱惑，于是，它们又回来了。此后，老人每天都会在谷粒旁边多加几块木板，看到这些木板，这些猪还是会远离一阵子，但最后都会再来“白吃午餐”。最终，围栏也做好了，陷阱的门也准备好了。最终，这些猪因为不劳而获而被老人重新捕捉到围栏里。

这里，可能我们会取笑野猪的愚蠢，但从另一个方面看，我们发现老人是聪明的，他之所以能捕捉到野猪，就是因为他懂得“将欲取之，必先予之”的道理，于是，他采用放置诱饵的方法，最终捕获了自以为可以吃到免费的午餐的野猪。

我们需要记住的是，世界上没有不劳而获的东西，更没有免费的午餐，我们若想得到什么，就要为之努力，有付出才有收获，就要摒弃投机取巧的心态，从今天起，为自己的梦想付之行动，努力充实自己，一步一个脚印，最终才能收获满满的人生！

懂得取舍，舍小利获大利

在中国，有这样一句俗语：“舍不得孩子套不着狼”，这句话的含义是，要达到某一目的必须付出相应的代价。的确，天下没有免费的午餐，我们若希望获得某种重要的东西，要么通过自己的努力得到，要么就用现在所拥有的去交换，关于后者，就需要我们做到舍得。因为鱼与熊掌不可兼得，而智慧的人多半会权衡利弊得失，最终作出正确的选择。

犹太人罗斯柴尔德是一个很精明的商人。长时间的生意经验让他十分清楚地意识到，要在这个犹太人备受歧视的社会里脱颖而出，最有效的办法就是接近手握巨大权势的领主并博得其欢心。

好不容易，他被通知可以接受当地领主的接见。这是个难得的机会，他觉得自己一定要把握住。为此，他不但把花了很多心血和高价收集的古钱币以低得离奇的价格卖给公爵，同时极力帮助公爵收古币，经常为他介绍一些能够使其获得数倍利润的顾客，不遗余力地帮公爵赚钱。

如此一来，公爵不但从买卖中尝到了很多甜头，对古钱币的兴趣也越来越浓。罗斯柴尔德和他的关系逐渐演变为伙伴意味的长期关系，远非只是普通的几笔买卖关系。

罗斯柴尔德是个舍得下血本的人。他为了实现长期战略，宁可舍弃眼前的小利。这种把金钱、心血和精力彻底投注于某个特定人物的做法，日后便成为罗斯柴尔德家庭的一种基本战略。如若遇到了诸如贵族、领主、大金融家等具有巨大潜在利益的人物，就甘愿做出巨大的牺牲与之打交道，为之提供情报，献上热忱的服务，等到双方建立起无法动摇的深厚关系之后，再从这类强权者身上获得更大的收益。如果说一两次的“舍本大减价”一般人也可能做得到的话，罗斯柴尔德这种一直“舍本”帮助别人赚钱的做法不能不说是难能可贵的。虽然他得以在宫廷出出进进，但自己在经济上仍然相当拮据。

在罗斯柴尔德25岁那年，他获得了“宫廷御用商人”的头衔。罗斯柴尔德的策略奏效了。

我们发现，犹太商人罗斯柴尔德果然很聪明，他懂得放长线钓大鱼、舍小利获大利，这也是成功的犹太商人的生意经。

俗话说：“先做朋友后做生意”，为了做成大生意，我们有必要在做生意前先为对方付出，甚至应当适当舍弃一些利益。比如，你可以在你的客户生日那天，不但送上祝福，还应通过赠送一些小礼物来表达我们真诚的谢意和良好的祝愿，就能进一步增近与客户间的感情，建立更加亲密的关系。

事实上，除了经营财脉，这种“舍小利以谋远”的态度也适用于方方面面，不失为一条良好的人生准则。 在人际交往中，我们发现，那些在小利小益上斤斤计较，丝毫不愿让步的人，虽然暂时获得了某种好处，但他也在别人心中留下了自私自利的印象。而那些凡是不争不抢、偶有小利也让给别人的人，总是能获得别人的好评，人际交往中也自然事事顺心。

《易经·损》中有这样一段话：“损：有孚，元吉，无咎，可贞，利有攸往。”这句话的大致意思是，“损、益”，不可截然划分，二者相辅相成，充满辩证思想。说到底，这就是取舍之道，有舍才会有得。中国古话说得好：吃小亏，赚大便宜。

经济大萧条时期，在美国有一家工厂，由于客户产品滞销，濒临倒闭。为了挽救这种局面，这家工厂的老板想到一个很奇妙的办法。他让伙计去种植园买了一批尚未成熟的苹果，他们就自己制作一些小标签贴在苹果上面。在这些苹果成熟之前，他们才揭下那些标签，这个时候，原来苹果上贴过标签的部分就会变成一片空白。

接下来，他找出那些已经退单的客户，在标签上写上那些客户的名字和温馨的话语，然后逐一把这些写有名字的苹果送那些客户。当他们收到这些写上自己名字和温馨话语的苹果之后，都会很惊讶而且感动。因为他们感受到这位工厂老板是在用心跟自己做生意，自己又有什么理由拒绝呢？所以，这些客户在收到苹果后，都接二连三地给这位工厂老板打电话，主动提出订货。

在这一段持续了好多年的经济萧条时期，许多的工厂都因为没有强大的经济实力而倒闭，但这一家工厂不光没有倒闭，反而生意越来越好。

这则销售故事中，工厂老板之所以能改变现状，把滞销的产品推销给那些已经退单的客户，主要原因是他为这些客户送上了自己亲手制作的苹果，让客户深受感动，一个小小的苹果就换来了客户的真心，这就是舍小得大，何乐而不为呢？

投资有风险，不要把鸡蛋放在同一个篮子里

“不要把鸡蛋放在同一个篮子里”，是投资者理财生活中的一句至理名言。它提示了投资者进行多元化投资，分散投资风险的重要性。

我们都知道，投资市场，有很多机遇，却也有更多的诱惑，因此，投

资风险是很难控制或预测的，迄今为止，世界上还没有一种只赚不亏的投资理论，但是通过分散投资确实能够起到防止“一荣俱荣，一损俱损”的状况。分散投资，就是将自己的资金分布在不同的领域包括地域，让不同投资产品各自的缺陷相互弥补，保障整个投资组合的安全。因此，对一个成熟的投资者而言，其投资组合应当充分考虑到资产配置的需要，而不是将所有的鸡蛋统统放在一个篮子里。

对于我们个人投资者来说，我们希望的是，借助于投资产品和理财工具，实现财富的保值和增值，从而拥有更加美好的财富人生。但不可否认的是，单一的投资产品，都有着其不可避免的局限性。比如国内投资者最钟爱的股票产品，波动性大，风险高，既能把投资者带到财富的天堂，又能把投资者送至亏损的地狱。房产投资是公认的抵御通胀的有效投资产品，在房地产市场火爆的时期，为很多投资者带来了巨大的财富效应。但是它容易受到外部政策的影响，流通性也比较差，如果把所有的鸡蛋都放在房产这个篮子里，很容易引起资金链的断档，带来变现能力的困难。债券产品虽然稳健，但它的收益率往往比较有限，过度集中在这一产品上，会导致获利能力的削弱，造成无形中的资本浪费。

举个例子来说，2000年年初，全球网络、电讯、科技股发生有史以来最大不可思议的崩盘，很多上市公司的股价下跌超过95%以上，几乎就要下市了，即便是目前股价还不错的雅虎、亚马逊都曾经跌到只剩下水饺价，大家试想，如果当初您把资金集中在网络、电讯、科技股的投资上，您承受得起那么巨大的损失吗？

有的人会说，分散投资的道理我懂，就是这个也买一点，那个也买一点。我们发现，不少投资者，资产虽然不多，但分布之广泛，足以让人惊目——股票、基金、债券、外汇、黄金、QDII、投连险……仔细地问他，到底买过什么产品，他自己也说不清楚。

事实上，进行分散投资，主要是为了达成投资组合的平衡，由于不同投资产品在不同经济周期中，其收益率表现往往有着比较大的差异，进行分散投资，便是要选出适当的产品，利用它们的差异起到平衡的作用，当某一部分资产价值下降时，另外一部分却在升值。个人投资者由于专业性和资金的局限，可以采用一些简单的原则来进行资产配置。

为此，我们可以这样做：

1.平均分配资金

平均分配资金是大家对分散投资的第一印象，大家可以根据自己的投资经验，把资金分散投资在一个网络贷款平台上的不同标的，或者把资金分散投资在多个网贷平台上；也可以把一部分资金投入收益较高的平台，一部分资金投资到收益低但安全的平台上；这些都是分散投资的基本方法。

2.在时间上分散投资

对于有经验的投资人来说，会知道哪些平台比较安全，哪些平台收益较高；在锁定网贷平台之后，把资金分成多份，先在第一天投资一部分，过个10天之后，再投资第二份资金，然后再接着投第三份资金，就这样循环下去，等到借款期限到了之后，投资人就能陆陆续续拿回好几笔资金；这种在时间上分散投资的方法，有效降低了平台自身带来的风险，如果网贷平台不幸出现风险，那么采用这种方法的投资人，可能已经有一些投资到了借款期限，并顺利提出本息，从而避免了大量资金停在平台上无法提出的困境。

3.把资金分散投资在不同理财产品上

其实分散投资的最后一个含义就是：把资金分散投资在不同理财产品上，P2P网贷理财的收益虽然很高，但是很难避免风险；所以在投资时，可以把部分资金投资在P2P网贷平台上，一部分资金用来买货币基金，或者购买银行理财产品，这样即使某个投资不赚钱，那么还有其他几个投资能盈利，有效降低了投资风险。

另外，我们需要注意的是，分散投资是一个变化的过程，需要不断地进行调整，这一点必须与经济周期、投资特点密切地结合。比如在经济刚刚步入低谷之时，股票、房地产就是具有较大潜力的投资工具；而在经济的繁荣期，债券投资将有巨大的投资魅力。在进行资产配置时，需要定期地重新对自己的资产分布情况进行审视，并适当地作出应有的调整。

第6章 以不变应万变，泰然面对一生中的诱惑

现代社会，生活节奏越来越快，人际关系越来越复杂，处处充满了诱惑，使人心神不宁，那么，怎样才能抵制诱惑呢？其实答案很简单，以不变应万变，凡事顺其自然、乐观从容，生活就变得简单，当生活越简单时，生命反而越丰富，尤其是少了诱惑的牵绊，我们越是能够从世俗名利的深渊中脱身，越能感受到自己内心深处的宽广和明净。

认清自我，找准奋斗的方向

生活中，我们周围的每一个人都是一个单独的个体，人与人虽然没有优劣之分，但却有很大的不同。这世界上的路有千万条，但最难找的就是适合自己走的那条路。每一个人都应认清自我，根据自己的特长来设计自己的未来，根据环境与条件，应努力寻找有利条件；不能坐等机会，要自己创造机会；拿出成果来，获得了社会的承认，事情就会好办一些。每个人都应该尽力找到自己的最佳位置，找准属于自己的人生跑道。

很多成就卓著的人士的成功，首先得益于他们充分了解自己的长处，根据自己的特长来进行定位或重新定位。但在对自己进行准确定位前，你需要拒绝当下的诱惑，不变的状态看似安稳，但却是阻挡你前进的绊脚石。

奥托·瓦拉赫是诺贝尔化学奖获得者，他的成才历程极富传奇色彩。

瓦拉赫在开始读中学时，父母为他选择的是一条文学之路，不料一个

学期下来，老师为他写下了这样的评语："瓦拉赫很用功，但过分拘泥，这样的人即使有着完美的品德，也绝不可能在文学上发挥出来。"

此时，父母只好尊重儿子的意见，让他改学油画。可瓦拉赫既不善于构图，又不会润色，对艺术的理解力也不强，成绩在班上倒数第一，学校的评语更是令人难以接受："你是绘画艺术方面的不可造就之才。"

面对如此"笨拙"的学生，绝大部分老师认为他已成才无望，只有化学老师认为他做事一丝不苟，具备做好化学实验应有的品格，建议他试学化学。

父母接受了化学老师的建议。这不，瓦拉赫智慧的火花一下被点着了。文学艺术的"不可造就之才"一下子变成了公认的化学方面的"前程远大的高才生"。在同类学生中，他遥遥领先……

可见，成功是多元的，并没有贵贱之分，适合自己的、自己擅长的就是最好的，也便是成功的。

瓦拉赫的成功，说明这样一个道理：人的智能发展都是不均衡的，都有智能的强点和弱点，人一旦找到自己的智能的最佳点，使智能潜力得到充分的发挥，便可取得惊人的成绩。幸运之神就是那样垂青于忠于自己个性长处的人。松下幸之助曾说，人生成功的诀窍在于经营自己的个性长处，经营长处能使自己的人生增值，否则，必将使自己的人生贬值。他还说，一个卖牛奶卖得非常火爆的人就是成功，你没有资格看不起他，除非你能证明你卖得比他更好。

而现实生活中，一些人在人生发展的道路上，却把命运交付在别人手上，或者人云亦云，盲目跟风，他们忽视了自己的内在潜力，看不到自身的强大力量，甚至不知道自己到底需要什么，不知道未来的路在哪里，于是，他们浑浑噩噩地度过每一天，一直在从事自己不擅长的工作和事业，虽然安逸，但却一直无所成就。

成功学专家A·罗宾曾经在《唤醒心中的巨人》一书中非常诚恳地说过："每个人都是天才，他们身上都有着与众不同的才能，这一才能就如同一位熟睡的巨人，等待我们去为他敲响沉睡的钟声……上天也是公平的，不会亏待任何一个人，他给我们每个人以无穷的机会去充分发挥所长……这一份才能，只要我们能支取，并加以利用，就能改变自己的人生，只要下决心改变，那么，长久以来的美梦便可以实现。"

尺有所短，寸有所长。一个人也是这样，你这方面弱一些，在其他方面可能就强一些，这本是情理之中的事情，找到自己的优势和承认自己的不足一样，都是一种智慧。其实每个人都有自己的可取之处。比如说你也许不如同事长得漂亮，但你却有一双灵巧的手，能做出各种可爱的小工艺品；比如说你现在的工资可能没有大学同学的工资高，不过你的发展前途比他的大，等等。

所以，一个人在这个世界上，最重要的不是认清他人，而是先看清自己，了解自己的优点与缺点、长处与不足等。搞清楚这一点，就是充分认识到自己的优势与劣势，容易在实践中发挥比较优势，否则，无法发现自己的不足，就会使你沿着一条错误的道路越走越远，而你的长处却被你搁浅，你的能力与优势也就受到限制，甚至使自己的劣势更加劣势，使自己立于不利的地位。所以，从某种意义上说，是否能认清自己，是一个人能否取得成功的关键。

在认清自我之后，就要发展自我，这首先要做到对自我价值的肯定，这不但有助于我们在工作中保持一种正面的积极态度，进而转化成积极的行动，无疑是一项超强的利器。

摆脱从众诱惑，坚持内心的声音

哲学家尼采曾说过这样一句话：“你今天是一个孤独的怪人，你离群索居，总有一天你会成为一个民族！”这句话是要告诉我们，成功者在大多数人之外。我们要想成功，就要敢于走自己的路，而不是跟随群众。的确，在我们的生活中，我们发现，人都是有从众心理的，跟随大家的脚步行事，会让我们减少不少风险，这就是从众的诱惑，但因循守旧、人云亦云，我们永远不可能有大的成就。

因此，人生路上，我们要摆脱从众的诱惑，不必过于在意别人的看法。用心思考，你会发现，任何一个成功的故事无不来自于一个伟大的想法，来自于坚持自己内心的声音。

理查德是哈佛毕业的高才生，但令别人感到惊讶的是，他并没有和其他毕业生一样就职于某家大企业或者成为某一行业的技术骨干，而是成了一个出类拔萃的油漆匠。

理查德的父亲也是一位手艺很好的油漆匠，在他年轻的时候，他成功偷渡到洛杉矶，但移民生活是辛苦的，而他正是凭借这一好手艺在洛杉矶站住了脚，后来，因为一个大赦，他拿到了绿卡，他一家人也就成了名正言顺的美国公民。

理查德是个懂事的孩子，在他很小的时候，为了减轻父亲的工作压力，他常常会帮父亲干一些油漆活。几年下来，他不但掌握了父亲所有的手艺，还在很多方面都有所创新，这让他的父亲感到很诧异。

理查德在读书方面也表现出了与众不同的天赋，他在学校的成绩一直是前三名，他在社区服务的记录一直是最好的，而且，他还获得过全美中学生美术展油画铜奖，这就使得他轻而易举地被哈佛大学录取了。

在哈佛读本科的四年，理查德虽然成绩一直名列前茅，但他似乎一直忘不了油漆工作，他觉得自己只有在摸油漆的过程中，才是快乐的，为此，一到周末，他就赶紧回家，然后摆弄油漆。

很快，大学毕业的他坚持不继续深造，而是在洛杉矶找了一份不错的工作。

理查德在工作中也一直很努力，为此，老板嘉奖了他很多次，但他就是忘不了油漆，一次，当老板问及他对公司有什么建设性意见时，理查德不假思索地说："公司经常要把一些零部件拿到外面去油漆，这样，浪费了成本不说，每次油漆的质量也不怎么样，如果公司能成立这样一个专门的油漆部门，那么，这个问题便能很好地解决。"

老板笑着说："这简直太难了吧，买设备倒是小事，但我们去哪找那些优秀的油漆工呢？"

理查德说："用不着招了，你面前就有一个。"

于是，接下来，理查德道明了自己的想法，以及自己过去的经历，他还说，自己想招收一些年轻人，由自己亲手培训。这个想法打动了老板，于是，老板当即决定成立油漆部，由理查德任经理兼技师。

回家后，理查德兴冲冲地告诉父亲自己提升了。听完儿子的话，老父亲半天没说出话来，他当然反对儿子这么做，但他也知道，自己是阻止不了儿子的。事实证明，理查德是对的，经过几年的经营，这个油漆部的工作非常出色，白宫有些用品都指定在这里加工。

为什么理查德的故事在哈佛大学被广为传诵？因为哈佛希望学生们能明白，一个人，只有走自己的路，坚持自己的想法，才能真正走出一条与众不同的康庄大道。

不得不说，我们都渴望成功，但最终成功的往往是那些走“小道”的人，人云亦云、混迹于人群中的人即使有天赋的才能，也最终只能泯然众人矣。

生活中的人们，如果你所希望走的路与周围人的看法相背离时，你是坚持自己的想法还是听从父母的意见呢？如果你与同学、朋友的想法相左时，你又该怎么办呢？其实，此时，如果你认为自己的观点是正确的，那么，你就要坚持。未来社会，相信自己正确，那么，你就敢走自己的路，就能不怕失误、不怕失败，在大多数情况下，不敢自信走“小路”的人，通常也难成为创新型人才。

其实，许多事例证明，别人给予你的意见和评价，往往不是正确的。

音乐家贝多芬在拉小提琴时，他宁可拉自己的曲子，也不愿做技巧上的变动，为此，他的老师曾断言他绝不可能在音乐这条道路上有什么成就。

20世纪最伟大的科学家爱因斯坦4岁时才会说话，7岁才会认字。老师给他的评语是“反应迟钝，不合群，满脑袋不切实际的幻想”。

大文豪托尔斯泰读大学时因成绩太差而被劝退学。老师认为他“既没读书的头脑，又缺乏学习的兴趣”。

如果以上诸位成功人士不是走自己的路，而是被别人的评论所左右，那他们就不会取得举世瞩目的成就了。

如果你希望获得成功，就要有与众不同的思维，要走与众不同的路，当你认为自己选择的路正确时，请坚持你的选择，别太看重别人怀疑和反对的态度，坚持自我，你会有更大的突破。

潇洒心态看待人生输赢得失

自古以来，人们眼中所谓的英雄，往往就是竞争胜利者，“成者为王败者为寇”。的确，胜利对于任何人来说都是一种诱惑，自古以来，争赢求胜也是人类的天性，但到底什么是输，什么是赢呢？输赢之间，真的是那么绝对吗？当然不是！成败是相对而言的，输赢只是一时，人生如梦，所有的输赢都会以生命的结束而宣布结束！其实，有时，我们一心争赢，赢了反而输了，不信，试着放下输赢，你反而赢了。因为争强好胜让你赢得了斗争，却让你失去了朋友；而放下好胜心，即使你输了争斗，却赢得了友谊。宽容大度的人总是能用人格魅力征服他人。

陶渊明之所以归隐田园，就是因为他看淡了人生所谓的输赢得失，宁愿清静一生，也不愿意与人争斗。

公元405年秋天，为了养家糊口，陶渊明不得不来到离家不远的彭泽县当县令。

这年冬天，他得知，有一位官位高于他的上司要来彭泽县视察，此人极为傲慢，还未到彭泽县地界，就派人吩咐县令来拜见他。

陶渊明虽然心里很看不惯这样的上司，但也不得不马上动身，但谁知出门前，他的师爷却拦住他说：“参见这位官员要十分注意小节，衣服要穿得整齐，态度要谦恭，不然的话，他会在上司面前说你的坏话。”此时，陶渊明再也忍不住了，他长叹一声说：“我宁肯饿死，也不能因为五斗米的官饷，向这样差劲的人折腰。”他马上写了一封辞职信，离开了只当了八十多天的县令职位，从此再也没有做过官。

陶渊明能不为五斗米折腰，放下官场，归隐田园，就是一种洒脱，一种放得下的气度！古代，和陶渊明一样不愿伪装自己而曲意逢迎的人着实不少，李白的“仰天大笑出门去，我辈岂是蓬蒿人”也是一种写照。然而，也不乏那些以为伪装就能保全自己而最终玩火自焚的人也大有人在。

人生在世，人们在意的不仅仅是输赢，还有得失，谁都想得到，而害怕失去，得到时更是一种诱惑。而正是因为人们的这种心态，而导致了他们患得患失。有人说，生命本身就不是一场完美的戏剧，它始终有缺憾，它给你带来些什么，也会带走些什么，但无论怎样，你都应该潇洒一点，那场无可挽留的爱，你就当是什么中划过的一道美丽的彩虹，你要学会在自己的情绪里寻求解脱，只要你愿意，你可以勇敢地对已经逝去的彩虹说声“再见”，也可以把一切恩怨化作岁月的云烟，于前行里轻松地追逐梦想和信念，只要能坦然面对人生的得失，还有什么让我们畏惧的呢?

有个老人，他有个爱好，就是喜欢摆弄盆景，他每天的大部分时间都会花在这上面。

有一天，老人去外地看亲戚，出门前，他告诉儿子一定要细心照看好那些他视若珍宝的盆景。

父亲的话，儿子不敢怠慢，于是，在老人外出期间，儿子很精心地照料着这些盆景。尽管如此，花架上还是有一个盆景在儿子浇水时不小心被碰倒打碎了。儿子因此非常害怕，准备着等父亲回来后接受处罚。

老人回来后知道了此事，不但没有责备儿子，还说："我栽种盆景是用来欣赏和美化家里环境的，不是为了生气的。"

老人说得好，他种植盆景，并不是为了生气。因此，他的心情也不会因盆景的得失而受到影响。如果无欲无求，了无牵挂，则气无处生。

"宠辱不惊，看庭前花开花落；去留无意，望天空云卷云舒"，这份闲散与安逸，对于现代社会的人们来说，或许真的是一种奢望。然而，要放下人生路途得失成败的压力，还需要我们保持一颗平常心。对"花花绿绿""流光溢彩"不生非分之心，不做越轨之事，不做虚幻之梦。面对外界种种变化与诱惑，心不痒，嘴不馋，手不伸，脚不动，荣辱不惊，去留淡然，白天知足常乐，夜晚睡眠安宁，走路步步稳健。总之，拥有一颗平常的心，能让我们拿捏好尺寸，把握住幸福。

人生之路，不会总是阳光灿烂，不会总是枝繁叶茂，不会总是掌声不断，也会有阻挡在前的高山和荒凉的沙漠，也会有阴天时的迷雾重重，也会有他人的冷落，任谁也无法轻松地跨越。只有拥有平淡的真实，才会真正懂得品味人生，抒发人生，才会拥有自我，心存淡泊。拥有平淡，那才是人生的至高境界，就是你坦坦荡荡，自自然然的快乐。生活中的点滴愉悦，都是生活中的原汁原味。

人生达观从容，不多强求

《幽窗小记》当中有这么一副对联："宠辱不惊，看庭前花开花落；去留无意，望天空云卷云舒。"一副寥寥数语的对联，却深刻地道出了人生对事对物、对名对利所应该具有的态度：得之不喜、失之不忧、宠辱不惊、去留无意。做到了如此才能有一颗平常心，够心境平和、淡泊自然。

俗话说："命里有时终须有，命里无时莫强求"。生活对于每个人来说，蕴藏着无限的哲理与深意，要做到不为世事缠缚，洒脱自在，就必须对生活的要求不能太多。

生活就是由各种大大小小的事组成的，按照世俗的标准，人们在做事的时候，有成功，就有失败；有得意之作，也就有失意之作；有过艰辛，当然也伴随着快乐。成功如何？失败如何？其实，这些都是生活的插曲而已。"凡事顺其自然；遇事处之泰然；得意之时淡然；失意之时坦然；艰辛曲折必然；历尽沧桑悟然。"这"六然"的句子，凝集了人生的处世智慧。然而，人们更愿意相信事在人为，当然，相信人的力量是积极向上的一种表现，但刻意的追求可能会带来失落、沮丧、遗憾等，以自然的心态面对，反而收获满满！

有一对夫妻，小两口恩爱有加，很多人都羡慕。然而他们有一块心病，块垒般郁积心头，一直挥之不去：结婚五六年了，还一直没有属于自己的爱情结晶。小两口那个急呀！一有空就四处寻医问药，但几年过去了，肚子却不见有怀孕的迹象。更为严重的是，以前身体健壮如牛的妻子，竟然和各种莫名其妙的疾病结上了缘，攀下了亲。开始是整天整天地肚痛，痛得常常出满身满身的虚汗；痛得是常常在床上打滚；痛得是常常大呼小叫、鬼哭狼嚎。于是，他们全国上下，求医问药，但都不见好转，连续的奔波，搞得他们身心俱疲。

父母流泪了，劝他们想开点；朋友们伤心了，劝他们顺其自然。小两口不表示拒绝，也不进行辩驳，均一笑了之。

有一天，小两口到医院打点滴，一个护士看着他们青一块紫一块的胳膊，还有胳膊上密密麻麻针头扎过的小红点，不禁落泪了：顺其自然吧，是自己的别人抢不走，不是自己的莫强求……

听着这温柔的、天使般的声音，小两口陷入了沉思：是啊，小护士和我们素不相识，她干吗要劝我们？还不是看到我们身心俱疲的样子产生悲悯之情了吗？顺其自然，是自己的别人抢不走，不是自己的莫强求……说得多好啊！

回到家，小两口像换了个人似的，把医院买来的各种中药、西药统统扔进了垃圾桶。小两口相视一笑，顿时浑身轻松。

一个周末，妻子翻翻日历，发现例假很久没来，然后拿出试纸，检测了下，发现居然怀孕了，小两口紧紧地相拥在一起，激动的泪水夺眶而出……

后来，丈夫向朋友叙说："真的，自从思想放松后，妻子的什么小烧不断、肌肉乱颤、大肠易激、夜间失眠，统统不治而愈。"他在叙述这一切的时候，脸色很平静，似乎在叙说一件与自己毫不相干的故事。

凡事顺其自然，确实至为重要。有些事情就是奇怪，你越努力渴求的，它越迟迟不来，让你等得心急火燎、焦头烂额。终于，你等得不耐烦了，它却又如从天降，给你个惊喜满怀。

任何事情的发生、发展都是有一定规律的，因此，我们不必急于求成、急功近利。凡事在开始之前都思考，可能效果更好。假如不按客观规律办事，只能瞎忙活。如果我们在生活中学会按客观规律办事，就会获得事半功倍的效果。

凡事顺其自然，并不是消极避世，而是站在更高层次来俯视生活的一种睿智。当你看到电视剧中一些人为名利、地位争得头破血流时，你有什么感慨？当你的邻居们为了一点点小小的利益而拳脚相向时，你会怎么看？是可怜？是可笑？是可悲？还是可爱？也许我们能从中有所收获吧。当人们都顺其自然了，那淡然、泰然、必然、坦然、悟然也就水到渠成了。

享受当下，珍惜每一天的到来

现实生活里，我们大多数的人希望获得一个精彩的人生，这是对我们的诱惑，为此，不少人不遗余力地追求理想目标的实现，却不知道淡然地享受人生过程，享受人生平平淡淡的幸福快乐。其实，无论人生目标有多么瑰丽辉煌，也不能为了“短暂”的拥有，而放弃过程中的开心微笑。

什么是幸福？幸福是一种心境，淡泊宁静，不计较得失，不在乎成败。这是一种睿智的生活态度和生活方式，是对现代文明压抑的一种反抗。

人不能改变过去，也不能控制将来，人能控制改变的只是此时此刻的心念、语言和行为。过去和未来的东西都虚无缥缈，只有当下此刻才是真实的。因此，一个人的生命不管能否长久，生命过程应该是丰富多彩的，无论人的生命长久与短暂，人生的道路应该是宽阔有风景的，享受过程应该是愉快幸福的。我们每个人都应该珍惜每一天的到来。

可能你会说，我们每天都需要面临高强度的工作、学习或竞争的压力，我们总是在和时间赛跑，哪有时间和精力去欣赏风景？然而，生活中处处是风景，你缺少的也是发现美丽风景的眼睛。

可能你会认为，现在我的人生刚刚开始，还有大把的时间去欣赏风景，那你是否想过，当你殚精竭虑地攫取了满怀的鲜花之时，抑或白发苍苍时，突然就会发现曾经在路边绽放的盈盈小花更加惹人爱怜，然而，那时的你已没有机会再回头去观赏它的淡雅美丽了。

可见，追求幸福，就是要选好自己的人生模式，更为关键的，就是挥别那种精神和心境的无知无觉的疲惫状态，做好自己能做的一切，把握今天，着眼未来。

对于现下的你来说，要把握今天，就是要你做到努力工作和学习，充实自己，然后以最饱满的精神状态迎接明天。

是啊，有时候我们苦苦追求的所谓的幸福与快乐，其实就在眼前，那又为什么不知足呢？我们中的很多人，也许经过多年的打拼和艰苦的奋斗，也会有所成就，难道一生就如此忙碌地拼搏到死吗？其实，享受真正的人生之旅比直到那旅程结束时还没有感受到快乐重要得多。

通常来讲，越是有所追求、越是想干点事的人可能遇到的烦恼和痛苦就会越多，凡是达观一点，看开一点，相信自己，终会心想事成。

也许有人会说，人活着就是要奋斗，就是要努力工作，但这并不意味着我们要做一个工作狂，相反，在努力工作的同时，我们依然要懂得享受每一天美好的生活。享受生活归根结底是一种心境。享受的关键在于寻找快乐的人生，而快乐并不在于其拥有多少、获得多少，生活质量如何，而是在于其怎样看待周围的人和事情，怎样让自己有一颗接纳一切快乐事物的心。

生活在商品经济的大潮里，每天充斥在眼帘的都是各种物质诱惑，欲望追求加快了人们前进的脚步，我们总是渴望得到远方的鲜花，似乎总是忘记了去欣赏周边的风景，而当我们殚尽竭力地攫取了满怀的鲜花之时，抑或白发苍苍时，突然就会发现曾经在路边绽放的盈盈小花更加惹人爱怜，然而，我们常常已没有机会再回头去观赏它的淡雅美丽了。

可见，有时，我们要懂得享受过程，真正让我们得到满足的也是过程，人的一生也是如此，最美的不是结果，而是人生的旅途。

生命的意义不仅仅在于要成就多么伟大的事业，实现崇高的人生目标，或者拥有多少财富，也在于如何淡然地享受人生追求努力过程中的愉快心情，感受人生过程里那份淡淡的幸福味道。

第 7 章　净化心灵、远离诱惑：塑造阳光心态，守望幸福

我们都知道，幸福和快乐是一种心境，淡泊才能宁静，这正如军事家诸葛亮所说：“非宁静无以致远，非淡泊无以明志。”人何以宁静？何以淡泊？处于纷繁的世俗中，身在充满诱惑的社会里，若不让自己的心沉静下来，那么必定流于俗套，随波而逐流，为了眼前的浮华而拼命去追逐，去求索，这样的人生非但不能宁静，而且不能淡泊。因此，我们每个人都要学会净化心灵，只有这样，我们才能保持心灵的宁静，对梦想多一份圣洁与执着。

守住宁静，沉淀生活的浮躁

现代高速运转的社会让生活中的我们变得浮躁起来，对于充斥在生活中的诱惑更是抵抗力变弱，在喧嚣的都市生活中，能做到静的有几人？也许我们是该反省，找回被我们丢远的灵魂，这样，才能让自己的心静下来，思索我们的人生。让心静下来，放下心中的浮躁。点一炷檀香，一壶水，一缕清茶，一盏杯。水从高处慢慢冲入杯中，一切仿佛慢了半拍，茶叶在水中的翻转腾挪，一缕香气弥漫出来，心境逐渐随之平静。实际上，人生本如茶，一泡洗净铅华，二泡三泡满品精华，四泡五泡回甘香灭。

一切快乐，没有比祥和更为快乐；一切享受，没有比宁静更为享受。

德国著名哲学家叔本华曾在柏林大学任教，其间，与他同为教师的还有黑格尔，但叔本华认为他“徒有虚名的诡辩家”。黑格尔颇受学生欢

迎，而叔本华的课堂却无人问津，只得黯然离开，叔本华后移居法兰克福，在那儿度过了寂寞的晚年。

叔本华的晚年是孤独的，陪伴他的，只有一只卷毛狗，叔本华为其命名为“世界灵魂”，他忍受不了寂寞，感到的只是悲凉，即使他那所谓的“全欧洲都知道这本书”再版，也无法改变他内心的孤寂。

叔本华忍受不了寂寞，可能也和内心无法宁静有关联吧！人们常说：“拥有天下非富有，心灵充实才可贵。”真正内心强大的人往往是那些宁静致远，淡泊明志的人。在喧哗的外在环境下，他们依然能享受那一份属于自己的宁静，不为世事纷扰而忧心。

时间是人生真正的资产，学问是人生真正的财富，健康是人生真正的幸福，智慧是人生真正的力量。《庄子》中有一句话，叫作“乘物以游心”，只五个字，却是偌大的洒脱。放下才是人生的大智慧，是心灵的洗涤剂，放下浮躁，我们才能将狂傲和不羁似乎已敛成平淡与朴实，重拾那个最本真的自我，进而远离尘世的喧嚣，以一颗平常的心过好属于自己的生活。

曾经有一位总统，他远离公务和烦琐的生活，来到一间寺庙，他每天的工作只剩下两件事，拜佛和念经。

一天，寺庙的住持来探望他，他很疑惑地问主持：“师父，庙里的桂花为什么这样香？”

住持说：“哪儿的桂花不香呢？”

他说：“总统府的桂花就没有香味！”

住持有些奇怪，问：“总统府的桂花全是从雪岳山移过去的，怎会没有香味呢？”言毕，唤一童子进来，说：“冬天快来了，送一盆夜来香，伴总统念佛。”说完，主持便离去了。

一年以后，主持又来看这位总统，总统指着小茶桌上的夜来香，说："这盆夜来香想必是名贵品种吧。"住持不解其意，问："何以见得？"总统说："它不仅夜里香，白天也香！"住持说："这是从房前随便挖来的一棵，它不是名品，是再普通不过的一种。"总统说："过去我家也有一盆夜来香，可是，白天从没有人闻到过香味。这盆不同。"

住持说："过去一位禅师说过：'夜来香其实白天也很香，人们之所以闻不着，是因为白天心太躁了！'现在你能闻到香味，可能是心境不一样了。"

后来，谈起百潭寺的经历和如今的生活，他坦诚自然。记者回去后，写了一篇题为《宁静安详，始知花香》的文章，最后有这么一段感慨：假如你现在感觉到吃什么都不香了；看再美的景致都不激动了；住再大的房子，坐再好的车，都没有幸福感了。一定是你变了，变得离真实的生活越来越远了。

两年后，总统离开寺庙前往首都服刑。这位总统的名字叫全斗焕，1980年至1988年任韩国总统。现在他住在陕川老家，过着平民的日子，品味着桂花的芳香。

这位住持的话让我们深有感悟，的确，当我们心情浮躁的时候，又怎能感受到那份宁静的幸福呢？曾经有一个百岁老人谈起他的长寿秘诀："我每活一天，就是赚一天，我一直在赚"，这就是生命的真谛：豁达，坦然。

尘世中的我们，又是否有这样一种安然、宁静的心呢？你是否深思过自己是否已被这纷乱的世界扰乱了思绪呢？你还是原本的那个自己吗？

拥有自制力，锻炼自己的心智

生活中，我们每个人都知道，任何人，都不是完美的，人最大的敌人是自己。只有能够战胜自我的人，才是真正的强者。哲学家尼采曾说过这样一句话：听过“自制力”这个词，并不代表你就能真正做到自制，自制需要你拿出实际行动，更需要你从小事做起。每天克制一件小事，做自己行为的主人。

在尼采看来，自制就是控制自我，也就是要控制内心的欲望，抵制诱惑，要掌控自己的行为，成为自己行为的主人。并且，尼采认为，自制绝不能光靠嘴上说说，要拿出实际行动来，一个人在小事上做不到自制，就不可能做成大事。

事实上，古往今来，凡是成功人士，他们往往具有一个共性特质：善于自律，以达到某种目标。例如，德国音乐家巴赫在童年时期为了去汉堡听一位管风琴大师的演奏，曾多次步行走90多里（1里＝500米），他之所以能坚持这么长的时间，第一是因为他热爱音乐，第二就是他具有超强的自控力。越王勾践卧薪尝胆的故事早已是家喻户晓，他能够一雪前耻灭掉吴国，除了他心中强烈的复仇意愿之外还有他令人钦佩的自控力。

生活中，一些人之所以做了不该做的事，就是因为自制力不够，抵挡不住诱惑，因此做了不该做的事。可见，我们每一个人，都应该认识到自控心理对于人生发展的重要性。只有坚决地约束自己、战胜自己，最终才能战胜困难，取得成功。

保罗·盖蒂是美国的石油大亨，一生赚下花不完的财富，但我们可能没有想到的是，他曾经却是个嗜烟如命的人。

一次出门在外，天下雨，夜色已晚，他只好留宿在当地一个小旅馆中。

夜里，他的烟瘾犯了，怎么也睡不着，他想找根烟抽抽，但是他拿出夹克，摸了摸口袋，口袋是空的，然后他从床上站起来，想在自己的外套口袋或者公文包中找一根烟来解决问题，但是无论他怎么找都没有找到，他心想，外面的商店、酒吧等地方总有吧，于是，他穿上了衣服，准备出门，因为没有烟的滋味很难受，越是得不到，就越是想要，他当时就是很想抽烟。

就在盖蒂准备出门，在伸手去拿雨衣的时候，他突然停住了。他问自己：我这是在干什么？

盖蒂站在门口想，一个应该算得上相当成功的商人，竟然在半夜要冒雨、走几条街去买一盒烟？没多会儿，盖蒂下定了决心，把那个空烟盒揉成一团扔进了纸篓，脱下衣服换上睡衣回到了床上，带着一种解脱甚至是胜利的感觉，几分钟就进入了梦乡。

从此以后，保罗·盖蒂再也没有拿起过香烟，当然他的事业越做越大，成为世界顶尖富豪之一。

这里，我们看到了一个真正的强者，他懂得约束自己的行为，懂得为自己的所作所为负责。这样的人必定能在人生道路上把握好自己的命运，不会为得失越轨翻车。

我们听过这样一句话，“上帝要毁灭一个人，必先使他疯狂。”这句话的意思是，一个人一旦失去自制力，那么，他距离灭亡的距离也不远了。的确，一个人连自己的行为也不能控制，又怎么能做到以强烈的力量去影响他人，获得成功呢？

那么，我们该如何培养自我控制的能力呢？

1.结果比较法

你可以借鉴那些自制力强的成功者的思维方式，比如，你可以先静心，然后多分析分析事情的前因后果：如果多花些时间在学习和工作上，会取得什么样的结果；而如果把时间浪费在吃喝玩乐上，又会怎样？进行前后的对比，你就能明白什么会带来真正的快乐，什么是长久的痛苦了。比较之下，你就能看到事情的不同面和不同结果，自然也就知道现下的自己该做什么了。

2.强者刺激法

这种方法，需要你首先选定几个在你看来是成功的人，比如，人所共知的比尔·盖茨、戴尔·卡耐基、松下幸之助、李嘉诚、李政道……当然，你也可以选择你身边那些为你敬佩的人，你可以了解和学习一下他们是怎么勤奋工作学习的。有了这行为样本，你就会想到那些人正在干什么，你也就可以自觉取舍了。

3.行为惯性法

比如你可以给自己划定一个比较容易拿得出的固定的时间，规定在这个固定的时间内，只能做哪些事情。例如，每天晚上十一点（睡觉前），喝一杯牛奶，这是很容易做到的，你的头脑会渐渐地变得愿意执行任务。在习惯之后，你再逐步加入一些难度大的任务，但一切形成习惯之后，自制力也就随之形成了。

失去控制的人生最终会使你失败。唯有自制的人，才能抵制诱惑，有效地控制自身，把握好自我发展的主动权，驾驭自我。一个人除非能够控制自我，否则他将无法成功。

学会控制自己，收起你的玩心

我们都知道，在人的天性里，都是追求快乐而逃避痛苦的，而人们获取快乐的一个重要的方法便是“玩”，在玩的过程中，人的身心能得到放松，人们能忘却很多现实生活中的烦恼，但一味地追求玩乐只会让我们逐渐失去自控能力和斗志，让我们的行为偏离正确的轨道，久而久之，我们离自己的目标只会越来越远。古人云“玩物丧志”，大致也就是这个道理。

我们不得不承认的一点是，现代社会，随着物质生活的提高和科学技术的进步，一些人被周围的花花世界所诱惑，一有时间，他们就置身于灯红酒绿的酒吧、歌厅，就连独处时，他们也宁愿把精力放在玩游戏、上网上，而时间一长，他们的心再也无法平静了，他们习惯了天天玩乐的生活，他们再也没有曾经的斗志，最后只能庸庸碌碌地过完一生。

因此，无论何时，我们都要控制自己的“玩”心，享乐只会让我们不断沉沦，闲暇时我们不妨多花点时间看书、学习，不断地充实自己，才能在未来激烈的社会竞争中立于不败之地。

每天下班后，我宁愿去图书馆看看书，也不愿意和一群人聚在酒吧，每读一本书，我都能获得不同的知识，有专业技能，有人生感悟，有风土人情，有幽默智慧，我很享受读书的过程，每次从图书馆出来都已经夜里十点了，在回家的路上，看着路边安静的一切，风从耳边吹过，我真正感到了内心的安宁。同事们都说我这人太宅了，但我觉得，这样的生活很充实，内心有书籍陪伴，我从不感到孤独。实际上，在很久以前，我也是个爱玩的人，常常和朋友喝酒喝到半夜才回家，一到周末就约朋友出去吃饭、唱歌，我很少一个人待着，有时候，真当我一个人在家的时候，我也会找一些娱乐项目，比如上网、打游戏、跳舞等，我觉得自己根本闲不下来。

但就在我三十岁生日那天，发生了一件令我这辈子都无法释怀的一件事，我的一个朋友，那天晚上，我们喝了很多，离席后，他开着车自己回去了，谁知道在半路上出了车祸。我很后悔，假如我没有让他喝那么多的酒，就不会出事，从这件事以后，我改变了对人生的看法，如果我的下半生还是这样浑浑噩噩地过，那么，和一具行尸走肉又有什么区别呢?

后来，在一个图书馆管理员朋友的推荐下，我开始接触到各种各样的书籍，从这些书中，我学到了很多……

这是一个深爱读书、拒绝玩乐的人的内心独白，的确，他说得对，一个整天玩乐的人就如同一具行尸走肉，真正内心的快乐其实并不是玩乐能带来的，而是努力充实自己的心灵。当然，如果你是一个爱玩的人，那么，从现在开始学会自控、纠正自己的玩乐心理并不晚，以下几种方法可以帮你做到：

1.替代法

当你想玩乐的时候，不妨做一些其他比较轻松的活动，比如，如果想玩游戏，此时，你可以改为运动、唱歌、看书等，当你沉浸在其中的时候，游戏对你的诱惑也许就慢慢削减了。

2.比较法

你可以在内心作一个比较：此时“玩”与“不玩”会有什么区别?以玩游戏为例，玩游戏可能会耽误你的学习和工作，影响你的休息。但不玩，你会节约出很多时间从事其他事情，相比较而言，哪一选择更明智，很明显是后者。长期的心理建设会让你逐渐减轻对游戏的欲望。

3.矫正玩乐心态并不意味着要杜绝玩乐

即使你是个爱玩的人，你也不可能完全限制自己的行为，毕竟一个人不可能二十四小时都工作或者学习，因此，你最好学会循序渐进地调整，你可以为自己制订一些小计划，比如限制玩乐的时间，但无论如何，你一定要完成。如果你完成不了，那你一定要找出原因，在迷茫的时候看看会帮助你改善自己的自控能力。

控制自己往往是在自己理性的时候，而不想控制自己往往是在感性的时候。所以矫正自己的玩乐心态的最好的方法就是一个理性的心理建设的过程。当然，对于玩乐，没有人能够完全避免，所以只能改善。

活着并不是为了与他人比较

人是群居动物，在社会生活中，有交流就有比较，于是，人们就出现好胜心、攀比心，当自己的现状比周围的人差时，就会产生一种想超过的心理，这种心理会促使我们不断努力和进步，但如果这种心理变成了盲目的攀比，就会变成一种不务实际的心理焦虑，就等于为自己设置障碍。实际上，每个人都是单独的个体，都应当有自己的个性。只有坚持走自己的路，放下攀比心，才会活出自我。

俗话说，“人比人，气死人”，现代社会，物欲横流，充斥在我们周遭的诱惑太多，人们的攀比之心也在与日俱增，而攀比是不满足的前提和诱因，人们在没有原则没有意义的盲目比较中导致心理失衡，胃口越来越大，追求的越来越多，越发不满足。而如果你能放下攀比给你带来的枷锁，活出不一样的自我，那么，快乐就会如影随形。

老子的《道德经》提倡无为而治。就是让人放下攀比之心。无为而无不为。意思是不攀比而无所不能。无为并不是什么都不做，而是放下攀比之心。因为有了攀比之心，人们不能按自己的方式去生活，去做事，会变成大致相同的人。人都有自己的特长，有自己的才能，有自己的价值观。以不攀比之心去做，会做得很好，才会发挥自己最大的价值。

美国街头有一名男子，弹着吉他，为过路的人弹唱。有一个中国姑娘路过，很吃惊！问这男子，你这么年轻为什么在这街头卖唱？这男子很吃惊，说道，我觉得这样很好呀！这样能给大家带来幸福！我每天过得很充实，不觉得低贱。难道金钱就可以决定幸福与否吗！

从这件事可以看出，价值不是用金钱与物质衡量的，幸福不是金钱带来的。只有放下攀比之心，人们才能真正活出自我，会得到真正的幸福！

然而，这种好虚荣、要面子的心理焦虑具有一定的普遍性，要调整这种心理状态，应该客观地认识自己、认识面子问题，不要对自己提出超出自己实际的期望值。

张阿姨年纪并不大，今年刚满四十。她很年轻的时候，圆润白皙的脸上，是很柔和的五官线条，看到邻居小孩的时候，总是要伸手来拧一下他的脸，然后说“有空的时候到我家来，给你吃糖”。

刚结婚那段日子，她把家里打扫得非常整齐干净，逢人也总是笑嘻嘻的。在他们那个年代她是非常出色的，相貌端庄，出身好，人也非常能干。

她对丈夫特别好，手也特别巧，结婚之后，全家老小的毛衣都是她织的。那时候，丈夫也对她特别好，不管冬天夏天，他都坚持给在单位上班的妻子送“爱心午餐”。她的名字里有个“娇”字，每天中午，单位的人都会听到他叫“娇，午餐”，她们单位的人都给她娶外号叫“娇午餐”，那段时间他们真的很恩爱，也没有人会怀疑这两个人不会白头偕老。

丈夫是做销售的，销售现在是个不错的职业，但在20世纪80年代初却并不是很容易做。但他很有韧性，拿出当年追她的劲头，硬是把一间快倒闭的小厂的产品弄活了。他们家成了周围亲朋好友羡慕的对象，他们的房子换大了，买了车，女儿进了学费让人咋舌的私立学校。但很多矛盾也跟着来了。

张阿姨开始喜欢上过有钱人的生活，每天不是上美容院就是和一群麻友在一起，女儿的学习不管，丈夫回来也是冷锅冷灶。

不止这些，她还成了典型的“怨妇”，丈夫和女儿听见的就只有她抱怨美容院的服务态度不好，怎么最近股票又跌了，快要成穷光蛋了。看见女儿一片红的试卷，马上就是又打又骂。丈夫一回来就训他，这个月的营业额怎么那么少？

刚开始，女儿和丈夫还受得了，可是时间一长，他们父女俩就提出要搬出去住，后来丈夫提出和她离婚的时候，女儿居然没反对。

这都是欲望惹的祸，这样的女人怎么会有人爱？可能，你的薪水太少、职务太低、工作不顺心、任务繁重，可能你的丈夫不能给你让人羡慕的物质生活，于是，你开始不知足，你开始抱怨。而这些物质生活并不会因为你的抱怨而得到满足，于是，生活中没有了希望，没有了阳光，怎么会给身边的人带来快乐呢？而一个有修养的人不会让欲望成为自己修养的杂质，她们知道知足常乐的道理，每天锅碗瓢盆的生活也让她们感受到无穷尽的幸福。

人人都有攀比之心，这是人类好胜心的一种体现，而且，男女所攀比的内容还不一样。男人们工作之余会聚在一起，喝酒聊天，谈自己的妻子对自己是多么尊重，吹嘘自己的老板是怎么倚重自己。而女人们通常比的是谁的工作环境好，挣钱多；谁的老公更有权有势；谁的孩子更优秀；谁的房子大，装修豪华；谁的衣服化妆品牌子更响亮；谁看起来更年轻更漂亮……其实，这种比较是没有任何意义的。因为无论你怎么比较，你永远都是在过自己的生活，而不是别人的，你的生活、你的现状都不会受到任何影响。你既得不到别人的财产，也不会失去自己所拥有的一切。所以，请停止无谓的攀比，不要给自己徒增烦恼。

知足，方能内心平静

人活在这个世界上，无非是为了使自己更加快乐幸福而已。然而，什么是快乐呢？对此，古希腊哲学家伊壁鸠鲁曾说过这样一段话："我们所谓的快乐，是指身体的无痛苦和灵魂的无纷扰。不断地饮酒取乐，享受童子和妇人的欢乐，或享用有鱼的盛筵，以及其他的珍馐美馔，都不能使生活愉快；使生活愉快的乃是清净的静观，它找出了一切取舍的理由，清除了那些在灵魂中造成最大的纷扰的空洞意见。"因此，我们可以说，快乐的根本是心灵的宁静。

要学会快乐地生活，最重要的是摆正自己的心态。拥有一份恬淡的心境，对于万事万物，不骄不躁，那么，你就懂得了幸福的真谛。

我们的生活中，人们都有自己追求的目标，都希望能早日达成自己的目标，而一旦实现以后，人们常把放松的心情解释为幸福，好像事情越难做，成功后的幸福感就越强。不可否认，这种解脱，让我们感到真实的快乐，但事实上，它并不是真的幸福，而是“幸福的假象”，而正是对幸福的错误理解，导致了一些人在人生道路上不停地追逐，不懂知足，而最终他们错过了很多沿途的风景。

而现实生活中，牵绊人们脚步的因素似乎总是很多。

其实，我们自打出生起，就一直在孜孜不倦追求一样东西，那就是快乐，无论是追求财富、名利、地位等，都是为了获得快乐。可悲的是，现实生活中的一些人，总是不安于现状的，他们并不是被那些“一日一鱼”所诱惑到，而是总有无止境的追求，于是，便在这所谓的追逐中失去了原本快乐的自我。

懂得珍惜，最为可贵，善于知足，德国哲学家叔本华曾说过，“我们很少想到自己拥有什么，却总是想着自己还缺少什么！不要感慨你失去或是尚未得到的事物，你应该珍惜你已经拥有的一切。”

那么，我们该如何体会满足的幸福呢？

1.比较法

比如，当你认为你的物质生活不满足时，当你认为房子不够大，当你认为你的车子不够豪华，当你为买不起LV包包而焦躁时，你想过没，还有多少和你同样的人却正在为房子忧愁、为明天的家庭开支担忧、为了一个几十元的包包与店铺老板砍价？这样一比，你可能觉得自己其实是幸运的，也就不再为那些外在的物质生活而忧愁了。

2.注重精神世界的充盈

细心的你也可能发现，那些爱看书、听音乐、旅游的人，他们看起来笑得更舒心，因为他们的业余生活是丰富的、充足的，他们不会为那些虚无缥缈的物质生活烦恼，他们满足于现在的幸福生活。因此，丰盈精神世界是克制我们欲望的良好方式，比如，你可以把周末逛街的时间拿来学习英语、练瑜伽、读名著等。

总之，快乐、幸福的感觉，依托于物质的满足、成就的获得等，而它的源泉，则在于懂得知足和时刻珍惜。懂得珍惜，最为可贵，善于知足，最为幸福。

漫漫人生路，你需要轻装上阵

有人说，人的心像大海，可以容纳波涛和沙粒，也会变得杂乱无序，有狂风暴雨时零乱起来，接着惊涛骇浪、海潮就会接踵而来，担忧多了，烦恼多了，包袱重了，我们就没有时间和心情去体会生命中的那些简单快乐和美好。其实很简单，快乐就是一颗水珠，它可以是早上晶莹的露水，也可以是一朵跳跃的浪花，还可以是一颗感动的泪水。所以，心累与不累，快乐与不乐，都取决于自己的心境，心态好，则轻松快乐多一些，想要得多了，心就无法平静了，哪来的快乐可言?

生活中的我们，不妨对那些虚幻的诱惑和欲望说再见，给心灵一个干净、朴实、美丽的空间。有这样一个故事：

在每天的同一时间，总有一辆豪华轿车从纽约市的中心公园驶过，这辆车的主人是一位百万富翁，这位富翁早已发现，在公园的椅子上，一直坐着个衣衫褴褛的流浪汉，此人一直盯着他的旅馆。

一天，百万富翁对此产生了极大的兴趣，他让司机把车停下来，然后下了车，走到这个流浪汉面前，说：“请原谅，我真的不明白你为什么每天上午都盯着我住的旅馆看。”“先生，”这人答道，“我没钱，没家，没住宅，只得睡在这长凳上。不过，每天晚上我都梦到住进了那所旅馆。”百万富翁听了以后，对他说：“今晚你一定能如梦以偿。我将为你在旅馆租一间最好的房间，并付一月房费。”几天后，百万富翁路过这个人的房间，想打听一下他是否对此感到满意。然而，出人意料的是：这人已搬出旅馆，重新回到了公园的凳子上。

当百万富翁问这人为什么要这样做时，他答道：“一旦我睡在凳子上，我就梦见我睡在那所豪华的旅馆里，妙不可言；一旦我睡在旅馆里，我就梦见我又回到了冷冰冰的凳子上，这梦真是可怕极了，以至于完全影响了我的睡眠！”

是啊，贫穷与富裕的生活，都有它的得失，每一种生活都有它的得与失，正如俗话所说：“醒着有得有失，睡下有失有得。”所以我们应该正视人生的得失，世间万事万物，来来去去，本就没有一个定数，我们不能左右世事，但可以左右自己的心。当我们拥有时，我们要懂得珍惜，失去时，也不可过分执着。人有悲欢离合，月有阴晴圆缺，以一份淡然的心面对，我们的心会释然很多。

人世间的一切，无论成败得失，花开花落，荣辱功过……无数人为了这些前拥后继而呕心沥血、殚精竭虑、机关算尽，但到最后，他们才发现，原来一切都是过眼云烟，最终都化为尘土，随风飘去了，留下的还能有什么呢？似乎都没有发生过。放下束缚心灵的负担，轻松愉快地走过这短短几十年的人世光阴，才是我们生命最本质和简单诠释！

越放下，越自在。放下看似消极，实质是积极的生活态度。在人生的旅途中，我们需要放弃的东西太多，不只是欲望，还有伤心、痛苦等，也有缥缈的追求，当你放下这一切时，你就能够感受到生活的美好，心灵的愉悦，还会避免很多尘世中的纷争。因此，放下看似消极，但实质！

《孔子家语》里记载：有一天楚王出游，遗失了他的弓，下面的人要找，楚王说："不必了，我掉的弓，我的人民会捡到，反正都是楚国人得到，又何必去找呢？"孔子听到这件事，感慨地说："可惜楚王的心还是不够大啊！为什么不讲人掉了弓，自然有人捡得，又何必计较是不是楚国人呢？"

"人遗弓，人得之"应该是对得失最豁达的看法了。就常情而言，人们都是有喜怒哀乐的，在得到一些利益或者遇到愉悦之事时，他们大都会喜不自胜，甚至得意扬扬；而遇到失意之时，却表现出懊恼、痛苦的情绪。而那些内心豁达的人却能看淡得失、功过荣辱，无论遇到什么，他们都能做到心平气和、冷静对待。

晋代的陶渊明在为官数十年之后，认识到官场的黑暗，于是，他最终弃官，归隐田园，虽然没有了生活的凭据，但他却感觉到得意和轻松，毫无遗憾和留恋。"采菊东篱下，悠然见南山。"就是他精神上自由的最好写照。他这种洒脱的人生态度，千百年来，令多少人"高山仰止，心向往之"。

漫漫人生路，我们需要轻装上阵，才步履轻盈，古人云：鱼和熊掌不能兼得。如果不是我们该拥有的，那么我们就得学会放下。人生注定要经历多姿多彩的风景，唯有放下具有别致的风韵。过去常听人说，人要懂得放弃。放弃是对事物的完全释怀，是一种高妙的人生境界。而放下则更具有一丝丝缕缕的难舍情怀，是一首悠扬的乐曲，在每个人的心底奏起。

下篇

耐得住寂寞：心灵的成长要与寂寞同行

第 8 章　品味寂寞与孤独，人生就是一场漫长修行

生活中，我们与人相处，都会以不同的角色和身份面对他人。有的人宁愿面对别人，也不愿单独面对自己，其实寂寞是最自由的。那些能真正做到静心的人往往懂得怎样去开发自己生活的快乐源泉，会在寂寞的时候给自己安排一片只属于自己的小天地。所以我们要特别珍惜独居的光阴，要学会享受寂寞赐予我们的礼物，在喧闹的尘世生活中，不论何时，我们都要努力寻找一些悠闲的时光，用于独处，此时你暂放自己的尘心，悉心感受一下心灵的自由与成长。

耐得寂寞，独处是一个人的盛宴

现代社会，随着生活节奏的加快，竞争的日趋激烈，经济压力逐渐增大，人们穿梭于闹市之间，已经习惯了忙碌、灯红酒绿、觥筹交错的生活，以至于在独处时显得内心慌乱、手足无措，而实际上，我们每个人都应该珍惜与自己相处的时间，因为群居得太久，我们很容易忽视自己的内心。

朱自清先生在散文《荷塘月色》中写过这样一段话：“我爱热闹，也爱冷静；我爱群居，也爱独处。”人在独处之时可以想许多事情，可以不受他物的牵绊，让自己的思想尽情遨游，在深思熟虑中获得生命的体验与感悟。这便是孤独的妙处吧。

人们常说，“寂寞难耐”，为了避免这一点，人们宁愿在觥筹交错、纸醉金迷中消磨度日。对于这些人来说，寂寞是一种可怕的在任何时候都

应该极力避免的情感经历。而如果我们能在寂寞中历练自己的心灵，那么，无论外面的世界多么繁华与喧嚣，我们也可以放飞自己的心灵，什么都可以想，什么都可以不想。一人独处静美随之而来，清灵随之而来，温馨随之而来：一人独处的时候，贫穷也富有，寂寞也温柔。

实际上，凡是对寂寞感到恐惧的人，其实质是不敢面对自己，而原因则在于心境狭窄。一个心境开阔的人，必然会因寂寞更加深刻地反省自身，也就更坚定地成就自身，完善自身。

可见，寂寞是一种宝贵的情感，凡庸的人总不能够享用寂寞，难以在寂寞中寻求灵魂的清静与成长，而内心淡定的人则能抓住难得寂寞的时间来洗涤自己的心灵，享受一个人美妙的世界!

寂寞是一把“双刃剑”，淡定的人会在寂寞中锻炼自己的心性，就像孙悟空在太上老君的炼丹炉里一样；而愚蠢的人却在寂寞中迷失方向，从而一蹶不振，脱离了成功的轨道。寂寞是喧闹世界的铺衬，就像绿叶对鲜花一样。

学会在寂寞中寻求彼岸，我们需要对自己充满信心。人的一生好比船在大海上航行，不可能永远一帆风顺，难免会遇到如狂风、怒涛、暗礁等各种各样的危险。同样，寂寞也只是我们通向成功路上的一个小小的挫折，只要我们有信心，有勇气，我们就可以去搏斗，去尽享奋斗人生的快乐，从而把寂寞当作成功路上的垫脚石。如果一个人在寂寞中失去了信心，那么他只会越陷越深，最终被寂寞吞噬。所以，多给自己一点信心，相信自己一样能够创造奇迹。

学会在寂寞中寻求彼岸，需要我们主动去开垦我们的寂寞。寂寞的时候，请不要一味地抱着消极的心态去打发时间，可以去做一些有意义的事情。比如读书，古人云："书中自有黄金屋，书中自有颜如玉。"读书可以让我们增长见识，让我们身心放松，你可以坐在阳台上，也可以蜷缩在沙发里，随时随地都可以进入书的海洋。除此之外，我们还可以静静地听歌、发呆，或者写一些无关痛痒的文字，总之只要你不在寂寞中沉迷。寂寞中，让自己的四肢忙碌起来，你就会找到一个充实的全新的自我。任何时候都要记住，寂寞不是自己放纵的理由。学会开垦自己的寂寞，不气馁，不消沉，辛勤地耕耘，你最终也将走出寂寞。

纷纷扰扰的尘世中，每个人都应该给自己一个静下来的理由。生活中，我们要扮演好很多角色，很多时候，我们焦头烂额，手足无措。面对闹与静，我们一定要懂得调节，比如，一天烦琐的工作结束之后，你可以听听轻音乐，通过音乐，你可以发现生命的意义原来是感受生活中点点滴滴的美好。失落会在音乐中消散，沮丧会在音乐的荡涤中消解，怀疑会在音乐中清除。也可以看看书，它会帮你寻找心灵的安顿，用音乐去寻找心灵的安顿，闯过生命的种种关卡，抵达心灵平静的彼岸，你便能保持心灵的宁静，多一份圣洁与执着，因为我们身边飘过那沁人心脾的乐风！

寂寞未必难耐，心静方能治愈空虚

我们都知道，人是群居动物，因此，独处的时候，我们常常会感到寂寞。此时，你是品品茶、喝喝酒，还是唱唱歌、翻翻书？你是安静地坐一坐，还是悠闲地散散步，还是赶快到人群中去寻找情感的共鸣、心灵的慰藉？实际上，在人的一生当中，寂寞、独处的时间实在太少了，尤其是在这喧哗的世界里，难得寂寞一回！在大都市里，寂寞真的是一种少有的平静，没有压力，没有喧哗，只有安静，只有自己的呼吸，只有平平淡淡。

在万物沉睡的凌晨，在肃静的内室之中，或是在空旷的郊野，在所有这些寂寞的时候，凡尘小的烦琐事务离我们远去了，忧虑与烦忧也不再侵扰我们，我们的内心自然会生出许多平安欢喜的感激之情，此时思绪静止，内心安详而淳朴，你会感到一种与天地同在的醉意。

刘女士的儿子刚上小学，孩子所处的小学离刘女士原先的单位有一个多小时的车程，为此，她辞了工作，在儿子学校附近的一个公司找了份工作。

“自从到这边来上班，几乎就没有了独处的时间，办公室是三个人公用的，似乎什么都是大家的领地，好在大家相处愉快，事情也做得够漂亮，总有忙不完的事情。工作之余，多是给了孩子，给了家庭，偶尔的独处，也是在阅读中掩藏自己。寂寞这样奢侈的词已经远离了自己。

今天下午开会然后放假，我是带着提前放假的孩子来的。会后，大家都回家，我一个人在办公室，继续上次帮人家完成的一段视频编辑。孩子和陈先生家的儿子一起玩着，而我一直坐在计算机前，同事门都走了，后来孩子也被他爸爸接回去了，只有我一个人坐在空空的办公室，等待着文件的生成、刻录。寂寞中，于是有了整理心情的想法，于是诞生了连续几篇的散乱文字。

本来还是正好的夕阳，不觉间夜色肆意蔓延开来，偌大的校园已经是寂静一片。站在窗前，视线是极好的，不远处已经是灯火阑珊，围墙外的道路上，街灯安静而闲适，总是让我怀想起10多年前的一些黄昏，有时在高中时一个走在上晚自习的路上，冬日的黄昏，橘黄色的街灯点缀着深蓝色的天幕，有时飘雨有时落雪，更多的时候也无风雨也无晴，一如自己的大脑，疲惫后的宁静与超然；还有的黄昏，站在大学七楼的寝室窗前，眺望不远的山上忽明忽暗的灯光，嘉陵江的水声仿佛也能穿透夜色低语着。思绪缥缈不知去向，似乎总也不知道家在何方，总有着无限的希冀，当然也有过彻底的绝望，那时候彻底地明白了一句话：热闹的是他们，而我什么都没有。

寂寞的、超脱的，一种很微妙的感觉似乎成了自己对黄昏对最热切的期盼。而毕竟我们都是红尘俗世中纠缠着的众生，谁也超脱不了。

文件制作完成，我于是也关上窗户，收拾心情，踏上回家的路。明天，又是一个不短的放假天。真好。”

故事中的刘女士是个懂得让自己内心平静的人。然而，现实生活中，在浮世中行走了太久的人们，又有多少人懂得如何清心呢？许多人参与群体生活的缘由乃是他们不能够独居，不能够忍受寂寞，他们需要借助外界的喧闹来驱除内心的空虚。而群体生活却永远也不能治愈空虚，他只是经由精神的麻醉而暂时忘记了寂寞与空虚的存在，结果反而更加重了这种空虚。

尘世中的我们，又是否有这样一种安然、宁静的心呢？你是否深思过自己已被这纷乱的世界扰乱了思绪呢？

人世间有太多会扰乱我们心绪的因素，对此，我们要懂得调节。

首先，学会让自己安静，把思维沉浸下来，慢慢降低对事物的欲望。把自我经常归零，每天都是新的起点，没有年龄的限制，只要你对事物的欲望适当地降低，会赢得更多的求胜机会。所谓退一步自然宽。

假如你遇到心情烦躁的情况，你可以喝一杯白水，放一曲舒缓的轻音乐，闭眼，回味身边的人与事，对新的未来可以慢慢地疏理，既是一种休息，也是一种冷静的前进思考。

其次，阅读也是让我们凝神静气的方法，广泛阅读实际就是一个吸收养料的过程，你的求知欲在呼喊你，要活着就需要这样的养分。

享受寂寞，才能读懂人生

你曾经是否有过这样的感受：夜晚下班回家，远离了应酬，远离了工作，你倒头躺在沙发上，将双脚任意地放在某一位置，跷起二郎腿，没有人会说你不礼貌不雅观。然后，你将音响打开，放一首自己最喜欢的轻音乐，白天所有的烦恼都抛之九霄云外，没有上司的唠叨，没有孩子的吵闹，你觉得舒心极了。接下来，你开始回忆，回忆那曾经逝去的一段恋情，回忆少时朋友们间的嬉闹，想到忘情之处，脸上有温热的液体慢慢滑下，说不清是幸福还是痛苦，但明显自己已深深陷入迷宫深处，由不得自己。徜徉在记忆的迷宫里，享受着亲情友情爱情，正如炊烟袅袅升起。

这看似简单的快乐，又有多少城市人能懂得品味呢?

李白说："古来圣贤皆寂寞，惟有饮者留其名"。圣贤之所以成为圣贤，是他们能够耐得住寂寞，享受得了寂寞，在一片清净中凝聚心志，汇集精力，终于感悟天地，读懂人生，留下不朽的思想。当初的寂寞，换来的是身后巍峨的思想高峰和登峰造极的人格魅力，几百年、几千年后仍让人敬仰，叹为观止，这不能不说是寂寞的造化。

寂寞二字究竟是褒义词还是贬义词？我们不需要追求，但我们需要明白，寂寞不等于孤独。一个人孤独，那是因为身边没有朋友而言；而一个人寂寞，那是自己给自己的独有空间。人生很多时候是不尽如人意的，失望、颓废、空虚。在迷茫的岁月长河中，又有多少人是春风得意的呢？生活坎坷，岁月蹉跎，在岁月的长河里，学会享受寂寞也是人生对自己的一种挑战。

其实孤独也是美丽的，孤独的是影，实在的是心，孤独的人能在孤独寂寞中完成他的使命。如果一个人兴趣无比广泛而又浓烈，而自己又感觉到自己的精力无比地旺盛，那么，你就不必去考虑你已经活了多少年这种纯数字的统计学，更不需要去考虑你那不是很久的未来。

有人说，孤独是一种人生旅途上美轮美奂的境界。的确，孤独常使我们陷入一种冥想的状态。我听说过这样一个故事。有一个人迷失在森林里，饥饿和虚弱让他倒在了一棵大树下，这个时候，他脑海里出现了一些奇妙的幻想，面包，牛奶。他以为这些都是真实的，于是，他走出了森林。获得了重生。同样，在我们身体健康时，也可以不断幻想：在更自然的、更正常的社会里得到鼓舞。

孔子说：德不孤，必有邻。一个人如果专注于自己手上的事、努力工作的话，他是不会觉得寂寞的。很简单的例子，农夫一心要把麦子割完、学生一心要读完一本书，他们都是不孤独的，只有无所事事的人，才会觉得内心空虚、寂寞，需要与人为伴。

寂寞，有的时候是有益健康的。一个人静静地待在一处，放飞盛满梦的风筝，让自己在孤独中摘回一个美丽的青春，在岁月的长河浪尖上，回味着自己的往事，遐想着自己的未来，默默地守望自己那一份情怀。

“孤独和寂寞是一种远离人间的美丽”。这样说似乎有一定的道理，人不能过分地沉湎于往事的回忆中去。人不能仅仅生活在回忆中，把心放到未来，放到自己需要做点什么事情上来，这样，你的生活就会永远有追求，有理想，有兴趣。

我们常常会感到寂寞，因为知己难逢。寂寞的时候，你是觉得享受，还是觉得孤独呢？你是一个人独自享受轻轻的音乐，或者喝喝茶、看看书呢？还是赶紧打电话给朋友、同事，或者去酒吧、广场这些人群聚集的地方来寻求一种心灵的慰藉呢？你认为自己是个耐得住寂寞的人吗？寂寞的时候，你是自怨自艾还是选择像太阳一样把孤独射在自己生命的光辉里，去充实自己、反省自己呢？耐得住寂寞的人或者排遣寂寞的人一定懂得生活，忍受得住孤独的人或者会享受孤独的人，即使成不了伟大的人物也必然会有一颗伟大的心灵。

学会自我调节，学会享受一个人的寂寞，有一颗平静的心，做好你自己，我们的生活就会更加成熟，更加深沉，更加充实。

拥有自己的生活，别因寂寞去纠缠别人

苹果CEO乔布斯曾经说过："你的时间有限，所以不要为别人而活。不要被教条所限，不要活在别人的观念里。不要让别人的意见左右自己内心的声音。最重要的是，勇敢地去追随自己的心灵和直觉，只有自己的心灵和直觉才知道你自己的真实想法，其他一切都是次要。"的确，现代社会，人们都强调个性与追求自我，然而，现代人又是一群害怕寂寞与孤独的群居动物，他们常常会因为孤单、寂寞而去纠缠别人，他们似乎只有和他人相处才能感受到自我的存在，实际上，这不仅会影响他人的生活，还会加剧损害人与人之间的情感，因为每个人都渴望拥有独立的空间，不希

望被打扰。

上大学时，红是个浪漫的诗人，在男友面前总是小鸟依人，撒娇撒痴，让男友爱得如火如荼。毕业后，她去深圳闯荡了几年，由于丈夫的经济条件不错，婚后不久，她就选择了现在非常时髦的一个角色——全职太太，刚做全职太太的时候，红很幸福，天天逛时装店，定期去美容，日日围着庸俗的电视连续剧和柴米油盐酱醋茶转悠。转悠了才两年，她自己心里变得很慌张，她说：她与丈夫的话题越来越少，自己已没有什么新鲜的东西对他说，只好天天眼睛充满好奇地听丈夫说一些外面的事情；她发现自己对丈夫的爱恋还更小鸟依人、撒娇撒痴地缠人，和丈夫聊天成了她一天中最重要的内容；而且经常患得患失，一天不打几个电话给丈夫，她心里就空落落的。结果呢？有一天，丈夫挽着另一个女人的手对她说：咱们离婚吧，我爱上了别人。

红真是欲哭无泪。她对朋友说："女人真的不能没有自己的空间呀。""其实，这也真的怪不得那个男人，结了婚，还像恋爱时那样小鸟依人、撒娇撒痴，是长不大的，更不用说风雨共同承担。记得你刚做全职太太时，我们都劝你不要放弃自己的追求，希望你能积极上进，成为一名真正的诗人。当时你听不进去……"朋友劝导她。

因为没有自己的空间，太过依赖丈夫，红失去了原本幸福的婚姻。爱情是好东西，但不能一起成长的爱情，在你眼中曾经是再美丽的童话爱情也会在眨眼间灰飞烟灭。男人喜欢说：女人要有"女人的味道"。而这女人的味道中少不了的应该有一点：在婚姻中与男人风雨同舟，一同成长。女性主义作家伍尔芙说，女人要有一间"自己的屋子"，意思是女人应该有自己的空间。实际上，生活中的每个人都应该有自己的生活。一个人只有专注于自己的生活，倾注自己的情感，才能耐得住寂寞，才不会因为孤单而纠缠别人。

其实，拥有自己的生活，就意味着：

1.要拥有自己的爱好

一个有自己爱好的人，他的生活绝不是枯燥无味的。闲暇时，一本小说就能带你进入不一样的世界；沏一壶咖啡，看一部影碟，也会让你的精神为之放松。周末时间，朋友可能也希望独处，因此，不要去烦扰他。你的爱人也可能因工作繁忙而无法顾及你，但专注于自己的爱好，你就能独处。

2.不要总是指望朋友帮你作决定

一两次倒也无妨，但你若长时间期望朋友为你作决定，那么，对方也会产生心理压力，因为在保证决定正确的情况下，他也要承担后果，所以真正的好朋友是在你自己下完决定后，或在下决定时，他在旁边给你建议，而不是决定你该怎么做。

3.不要让任何人的意见淹没了你内在的心声

如果你有经验，你会发现，有时候，那些看似聪明的人给你的意见却是错误的，为什么呢？因为他并没有了解事情的方方面面。更重要的是，每一个人的意见，都是出于他自身的价值观，而你不应该活在别人的价值观里。

另外，也不要在意别人对你的看法。“一千个作者，就有一千个哈姆雷特”，不同的人所处的位置、价值观的不同，你永远不可能调整自己让所有的人都接受你。你应该倾听自己内在的良知的声音，寻找到属于自己的人生意义，然后勇往直前坚持到底。

4.不要充当你朋友的保护伞

你跟朋友不是连体婴儿，不要以为朋友的所有事情就是你的事情，尤其在某些你不宜干涉的问题上，你应该让朋友自己去处理。

我们又不得不承认，很多时候我们自己赶走了朋友，毁灭了友谊，究其原因，我们说朋友之所以不能永久，是因为我们往往“情不自禁”地干涉了朋友的生活。真心的朋友之间，是没有隔膜的，彼此之间以互相畅谈心声，诉苦，分享，游玩，联系，共同经历挫折——都会有的。但无论如何，我们都要记住一点，每个人都有自己的生活方式，无论多好的朋友，都不要因为寂寞而纠缠别人。

享受人生，不必为了寂寞而刻意选择孤独

有人说，生命是一个括号，左边括号是出生，右边括号是死亡，我们要做的事情就是填括号，要争取用精彩的生活、良好的心情把括号填满。因此，我们所说的耐得住寂寞并不是说要追求孤独的生活，更不要压抑自己的天性，失去自我地去做人。人就是要活出自我，活出自己的风格，多给自己一点点爱，多珍惜自我，像季羡林老先生一样“快乐地活在当下”。因为不懂得珍爱自己的人，也不会真正懂得去爱别人。学会给自己亮丽的心灵画上会飞的羽翼，即使不能飞翔，至少证明我曾爱过自己，推己及人地爱过他人，我的心地是洁净的。不要不惹尘埃，而是应该把净土留在心底，将爱留给人间。

我们可以试着学会接纳自己，学会宽容自己，以一颗包容他人的心境去宽慰自我，踩着时光的留声机，记录属于自我的那片灿烂星空。

有一个年轻人看破了红尘，每天什么都不干，懒洋洋地坐在树底下

晒太阳。有一个智者问他："年轻人，这么大好的时光，你怎么不去赚钱？"年轻人说："没意思，赚了钱还得花。"智者又问："你怎么不结婚？"年轻人说："没意思，弄不好还得离婚。"智者说："你怎么不交朋友？"年轻人说："没意思，交了朋友弄不好会反目成仇。"智者给年轻人一根绳子说："干脆你上吊吧，反正也得死，还不如现在死了算了。"年轻人说："我不想死。"智者于是说："生命是一个过程，不是一个结果。"年轻人幡然醒悟。

这就叫"一句话点醒梦中人"。是啊，生命是一个过程。怎么享受生命这个过程呢？把注意力放在积极的事情上。懂得享受寂寞的人是淡定的，但他们绝不是看破红尘，不思进取，这是经过岁月磨砺后的沉稳含蓄，看淡世俗名利。

有甲、乙两个人一起看风景，开始的时候你看我也看，两人都很开心。后来甲耍了一个小聪明，走得快一点，比乙早看一眼风景。乙一看，怎么能让你比我早看一眼，就走得更快一点超过甲。于是两人越走越快，最后跑起来了。原来是来看风景的，现在变成赛跑了，后面一段路程的沿途风景两人一眼也没看到，到了终点两人都很后悔。这就是不会享受生命这个过程。

不仅仅是看风景，对待生活何尝不是如此呢？享受一份独立于世俗之外的宁静，也不是追风，不是为了寂寞而选择孤独。然而，我们生活的周围，为了彰显自己超然于物外，他们宁愿独处，不交朋友，他们以"自我中心"与"被动"，等着别人先关心自己，建立关系。事实上，久而久之，他们便真的失去了朋友，内心世界也真的孤独了。其实，在喧嚣的人世间，我们要保持内心的宁静，只要静下心来，坚定自己的信念，而不是把自己孤立起来。因此，从现在起，不妨大胆地走出自我限定的时间吧。

1.交几个知心朋友

“千里难寻是朋友，朋友多了路好走”“朋友是自己成功的阶梯”“朋友是人生中宝贵的财富”，这些话都说明了朋友对人的重要性，也说明了人们对友情的渴望。两个亲密的朋友会无话不谈，即使是在很远的地方也能够感觉到彼此之间的存在，会互相帮助，共同成长。打个比方说，当你不小心割伤了手指时，你一定会立刻找创口贴。当你在心里遇到什么不开心的事情的时候，你肯定是需要有人在旁边支持你，给你打气。要很好地处理好压力，那你必须要有强大的“后备力量”。也就是说，我们只有具备几个可以掏心掏肺的知己，才能在需要他们时，让他们挺身而出。

2.心情不好时最好找能帮助你排遣压力的知己倾诉

如果你把你的压力和困扰告诉朋友，可以让你觉得舒服些的话，这未尝不是个好方法。把你的困扰说出来，也许你会觉得舒服很多。那么你也可以找一些可以信任的朋友，一起出去喝喝咖啡，把你的困扰告诉他们。

当然，当一个人独处的时候，如果发现情绪不好，还可以离开家门，强迫自己转移注意力，可以随意散散步，找一个热闹的地方看看风景，把糟糕的心情调整过来。

事实上，日常生活中也充满了交友的机会。例如，在每天上班搭乘的公交车上、在图书馆中、在公园中遛狗时……我们经常可以在合适的时刻与人交谈。若有机会（例如，两人每天上班必须搭同一班车），双方就可以进一步成为朋友。即使没有机会，一个微笑、一句问候的话，都可以带给自己和别人一些温暖，让这世界变得美好些。

面对闹与静，学会调适自己的心态

现代社会，随着生活节奏的加快，竞争的日趋激烈，经济压力逐渐增大，人们穿梭于闹市之间，面临生活中的许多危机，以至于无法平静自己的内心，甚至有些人难以调适自己的内心而产生生理或心理问题，长此以往地消极应对及负性情绪会使个体出现如焦虑、抑郁、神经衰弱、轻度躁狂等心理疾患，不但影响自己的生活、工作，也会给家人造成不必要的“伤害”。

纷纷扰扰的尘世中，每个人都应该给自己一个静下来的理由。生活中，我们要扮演好很多角色，很多时候，我们焦头烂额，手足无措。面对闹与静，我们一定要懂得调节，比如，一天烦琐的工作结束之后，你可以听听轻音乐，通过音乐，你可以发现生命的意义原来是感受生活中点点滴滴的美好。失落会在音乐中消散，沮丧会在音乐的荡涤中消解，怀疑会在音乐中清除。也可以看看书，它会帮你寻找心灵的安顿，用音乐去寻找心灵的安顿，闯过生命的种种关卡，抵达心灵平静的彼岸，你便能保持心灵的宁静，多一份圣洁与执着，因为我们身边飘过那沁人心脾的乐风！

吴女士经营着自己的一家公司，目前，公司虽然已经有了一定的规模，但很多事情还必须有吴女士亲力亲为，为此，每天她都必须游走于各个谈判桌、饭桌之间，不停地出差，不停地坐飞机，不停地化妆、卸妆，她已经厌烦了这种生活，甚至说恐惧。她开始失眠，开始厌食，脾气也变得暴躁起来。

一天晚上，她好不容易睡着，谁知道，半夜，丈夫居然听到她说梦话：“张总，我真喝不了了。”听到妻子的话，丈夫心疼地搂住妻子，她醒了。

“老婆，你太辛苦了，我好心疼你，放下手上的工作，我们出去旅游一段时间，好不好？”

“那怎么行？手上还有很多事情呢。”吴女士说。

“这次，说什么也得听我的，你才三十几岁，你看，头上都有白发了。”

“好吧……”看到丈夫如此爱护自己，吴女士答应了。

休整一段时间后，吴女士又打起了精神，面对纷繁复杂的工作。

生活中，可能有很多人都有吴女士的烦恼，因为工作、因为生活，不得不四处奔波，硬着头皮在喧嚣的尘世中闯荡，长时间下来，他们疲惫不堪、精神紧张，却不知如何调节。事实上，调适心态的方法有很多，我们可以学习、掌握一些自我调适心理的方法，及时调整、疏导自己的情绪、心理，走出心里的阴天。

第一，旅行。

旅行可以增长我们的知识，我们在增长更多见识的时候发现了某些更符合自己内心愿望的爱好，而且真的见过的就比只在书上看过或者听人说过更有触动性。另外，一个爱好旅游的人往往心胸更广阔，更有解决问题的弹性。

第二，音乐。

音乐作为一种艺术，它之所以能打动人，是因为它能以动感的声音方式表现出一种情感，它所蕴含的宁静致远、清淡平和，可以使终日奔忙、身心俱疲的现代人得到彻底的放松。

在音乐的圣殿中，我们能暂时忘记生活的烦琐，工作生活的不顺心，能获得音乐给予我们的心灵滋养。音乐能够影响人的情绪、调节生理状况，经常听一些旋律优美、节奏轻快的音乐，不仅可以调节情绪，而且可以稳定内环境，达到镇静、降压、催眠等效果。

第三，舞蹈。

当你随着音乐起舞的时候，你的音乐感、音准、韵律、节拍的敏感度和数学逻辑都得到了提高，脑部及身体协调能力也得到了锻炼。

第四，读书。

书是人类进步的阶梯，“腹有诗书气自华”，俗语“读万卷书，行万里路”也是这个道理，读书可以让人见闻广博。

除了以上方法外，我们还可以：

宁静调适。找一个僻静的地方，让自己的身体、心理完全放松，尤其是要放松思想，做到宁静、愉悦自得，恬淡虚无，少思、少念、少欲、少事、少语、少乐、少喜、少怒、少好、少恶行。

主动休息。主动休息可消除疲劳，增加机体免疫水平和抗病能力，保持旺盛的工作精力。

改善睡眠。躺在床上，闭眼、自然呼吸，把注意力集中在双手或双脚上，全身肌肉放松，每天坚持练习，会有良好的效果。

巧用镜子。站在镜子面前做三四次深呼吸，凝神眼睛深处，告诉自己会得到所要的东西。

好心情是自己调整出来的，良好心态是对各种生活的适应。作为一个在繁华闹市中生活的人，关键是要把自己的心境、快乐锁定在眼下，注重当下对生活的体验，而不要一味地沉迷过去，也不要没有必要地担心未来。

第9章　静下心来，并非世界太浮躁，而是你的心太吵

生活中，我们发现有这样一些人，他们似乎只有与众人相处的时候才能获得快乐，一旦离开人群，他们就觉得无法适应。其实，这都是内心浮躁的表现。不得不承认，我们周围的世界总是发生着变化，然而，只有内心平静，才是获得幸福的根本，摒弃浮躁，需要我们学会享受一个人的生活、享受寂寞；学会关心自己的内心，总之，只有内心宁静，才能做到随遇而安，适可而止，知足常乐。

心灵的成长需要寂寞与之为伴

我们都知道，人的成长都是自我意识逐渐形成和独立的过程，真正的自我会伴随着身体的成长而一同成长。有句话说得好，成长是痛苦的，越长大越孤单，因为成长需要我们从稚嫩的自我中不断剥离，孩童时代，我们成长于父母长辈的庇佑之下，我们完全依赖于家人，不必为衣食住行担忧，我们的自我意识处于懵懂状态，我们可以放声地哭、放声地笑，没有过多的顾虑，更不必掩饰和伪装。因而，童年成了我们生命中最自然、最纯真的年代，童年的经历成了我们一生中最美好的记忆，我们沉浸其中，享受生命的美好，没有什么快乐能够代替童年的欢笑。而随着年龄的增长，我们发现自己与家人、长辈的距离越来越远，我们发现，他们根本无法理解我们。我们逐渐学会隐藏喜怒哀乐，我们发现自己开始孤单起来。再到我们可以独当一面时，我们发现，自己学会了自我保护，同时更感到

了寂寞与孤独。

可以说，孤独是成长所带来的不可避免的产物，然而，一些人却无不愿直视这一点，于是，他们宁愿加入一些狐朋狗友中，甚至用酒精、迷幻药来麻醉自己，但尽管如此，他们还是感到空虚。

事实上，只要我们能坦然面对成长的苦恼，学会享受一个人的寂寞，并在寂寞中反省自我，那么，你会发现，寂寞还能帮助我们做到自我审视和反思，进而帮助我们更好地成长。我们先来看看富兰克林的故事：

富兰克林并不是出身官宦之家，相反，他小的时候，家境很穷。他也只在学校读了一年书后就不得不出去工作，但童年的艰辛并没有磨灭他的理想和意志，反而激励他更加努力。最终，他成功了，他成为美国人心中杰出的政治家和外交家。其实，富兰克林并不是天才。那么，除了刻苦勤奋外，他是否还有什么成功的秘诀呢？事实上，在富兰克林身上，有一种非常重要的品质，那就是经常独处、反省自己。正是这种品质，促使他不断地发现自己的缺点，不断改进，成为一个拥有很多美德的人，最终走向成功。

每天晚上，富兰克林都会问自己：“我今天做了什么有意义的事情？”

他检讨自己的缺点，发现自己有13种严重的缺点，而其中最为严重的是喜欢与人争论、浪费时间、总被小事扰乱心绪，他通过深刻的自我检讨，认识到：如果要成功，就一定要下决心改造自己。

于是，他设计了一个表格。表格的一边写下自己所有的缺点，另一边则写上那些美好的品质，比如俭朴、勤奋、清洁、谦虚等。他每天检查，反省自己的得与失，立志改掉缺点，养成那些美德。这样持续了几年，他终于成功了。

从这个故事中，我们也不难发现，让自己安静下来，学会在寂寞中反省，是提升自己的最好方法，它还能让我们看清自己，看到自己的不足、长处，甚至找到人生的目标。

生活中，我们每个人每天都要面临、学习和生活，我们总是马不停蹄地奔跑，似乎很少静下心来，思考人生，思考自己，但你发现没？立身于尘世太久，你是否经常有种孤独、寂寞、窒息的感觉？你不知道自己要的到底是什么样的生活，你的心是否曾经被一些自私自利的狭隘思想笼罩过？你是否已经变得人云亦云？为此，处于闹市中的我们，都要做到经常安静下来，给自己一段寂寞的时间，这样，你才能做到独立思考。要做到这点，我们就需要养成在独处和寂寞中倾听内心声音的良好习惯。你一个人待着时，你是感到百无聊赖、难以忍受，还是感到一种宁静、充实和满足？对于有“自我”的人来说，独处是让内心清静下来的绝好的方法，是一种美好的体验，固然寂寞，却有利于我们灵魂的生长。

心灵的成长需要与寂寞为伴，它能带给我们理性、自主和超越，学会与寂寞同行，我们的心才不会迷失，我们也能避免原地踏步，更能找到前方的路。

内心宁静，才能沉淀自己

生活中，我们发现身边有很多每天都开心生活的人，他们的共同特质在于，无论外界多么嘈杂，他们始终为自己的心灵留一片净土，因而有能力为自己的所作所为找到赋予价值的目的。南宋僧人曾作一偈：“身是菩提树，心发明镜台。时时勤拂拭，勿使惹尘埃。”实际上，任何一个人，行走于世时间长了，心灵难免会沾染上尘埃，如果不能经常静下心来很容易使原来洁净的心灵受到污染和蒙蔽。为此，我们要找到让内心宁静的方法，我们先来看下面一个白领女性的微博：

夜幕扫去炎夏的热浪，父母与孩儿渐沉入美妙的梦乡，清水洗淑后的清凉，已赶跑了睡意与倦息，于是打开电脑沉浸于网络聊天室及博客空间，看别人的唏嘘感怀，品味有共鸣的悲欢与得失的文字，渐渐地厌倦了与陌生人无聊的沟通，任由打招呼的声音响起，直到一个个变为不动的头像或变灰。熟悉挂念的朋友、同学，互相问候，慢慢谈论的话题也趋于各自关注或熟悉的议题，感觉乍浓渐淡。

白天紧张的工作和孩子的需要充斥着脑部，只有静坐时才觉得心早已沉浸在了黑暗之中，再也看不见天空、田野，看不见花儿在阳光下婀娜多姿的美，心中感到了不安。忽一日，听到老公的同学说出了自己的散文集，不禁惊讶，本来觉得他只是个很精明的小商人，看见他时总在卖些小玩意儿，谁承想，他居然出了自己的书了，用他的话说“人总要有自己的爱好，不然生活就只剩下挣钱、吃饭、睡觉。”是啊，我们总是在青春时，有自己的梦想，直到被生活作了种种选择，无耐地去适应、接受了之后，才发现自己的梦想真成了做梦的想法，可是有几个人又能甘心于生活的无耐和平淡，谁的内心不在苦苦地坚持或追求自己快乐的根基，哪怕随波逐流，也不忘在静下来时面对自己，只不过有的人是抱怨发泄不满与无奈，有的人悄悄找到了寄托，有的人有点感悟后去改变自己，有的人任由习惯或环境的压力让自己不喜欢的生活继续……

幻想已泯灭，开始忘却之际，本我已蜷缩到最狭小的角落，生命没有张力，人生没有飞跃，我感到了恐惧。但是回到原点，厘清自己的追求，事业不正是自己喜欢且合适的吗？本来希望的就是在工作中学习、提升自己，让自己不断地超越自我，有所创造，用爱心去唤醒或贡献社会，那又有什么必要跟着别人抱怨薪水的微薄？家庭是最为普通的市民生活，慈爱的父母，可爱精灵的宝贝儿子，虽然有点嗜酒但有责任感的老公，他们给了我安宁幸福的小窝，又为什么会去羡慕别人的大房、小车、小资的生活呢？自己本来就内敛、少语，多思多于行动，人生的每个阶段只有极少的几个好朋友，为什么要去羡慕善于交际的别人呼朋唤友杯筹猜令的潇洒？不如回归自我，生存生活之外，做点自己感兴趣的东西，不要期望笔下的文字能带来别人羡慕的眼光，只求笔能记录下人生的感悟、生活的态度，可以让自我内心得到宁静和满足……

那些真正心静的人，崇尚简单的生活，极少抛头露面，换来的是对人生，对社会的宽容、不苛求和心灵的清净；他们像秋叶一样静美，淡淡地来，淡淡地去，给人以宁静，给人以淡淡的欲望，活得简单而有韵味。

我们该如何找到让心宁静的方法呢？以下是几点建议：

第一，静下心来。要学会独处，然后去思考，把自己的心放空，这样，你每天都会以全新的心态和精神面貌去生活、工作。同时，你需要降低对事物的欲望，淡然一点，你会获得更多的机会。

第二，学会关爱自己，爱自己才能爱他人。多帮助他人，善待自己，也是让自己宁静下来的一种方式。

第三，心情烦躁时，多做一些安静的事，比如，喝一杯白开水，放一曲舒缓的轻音乐，闭眼，回味身边的人与事，对新的未来可以慢慢地梳理，既是一种休息，也是一种冷静的前进思考。

第四，和自己比较，不和别人争。你没有必要嫉妒别人，也没必要羡慕别人。你要相信，只要你去做，你也可以的，为自己的每一次进步而开心。

第五，多读书，阅读实际就是一个吸收养料的过程，你的求知欲在呼喊你，要活着就需要这样的养分。

第六，珍惜身边的人。无论你喜不喜欢对方，都不要用语言伤害对方，而应该尽量迂回表达。

第七，热爱生命，每天吸收新的养料，每天要有不同的思维，多学会换位思考，尽量找新的事物满足对世界的新奇感、神秘感。

第八，只有用真心，用爱，用人格去面对你的生活，你的人生才会更精彩!

每天保持一份乐观的心态，如果遇到烦心事，要学会哄自己开心，让自己坚强自信，只有保持良好的心态，才能让自己心情愉快！最后祝我的朋友们都能快乐地过好每一天。

静不下心，又怎能活得明白

现代高速运转的社会让生活中的很多人变得浮躁起来，在灯红酒绿的都市生活中，到处充满着诱惑，然而，能做到静下心来的有几人，在充斥着各种颜色的生活中，偶尔放下浮躁的心，而人本性中的单纯、朴实早已被我们甩在了身后。也许在这个快节奏的时代，我们真的走得太快了，是该停下脚步的时候了，等一等被我们丢远的灵魂。这样，才能让自己的心静下来，思索我们的人生。这样，我们才能活得明白。

古人尚且深知要把握自己，不要迷失自己，然而，在逐步现代化的今天，我们生活的周围，却总是不断上演着“迷失自己、沦落陷阱”的悲剧。多少为官者在声色犬马中逐渐失去自己当初做人的原则，深知不惜牺牲人民的利益，最终被绳之以法；又有多少年轻人经不住外界的诱惑，放纵自己，甚至以身试法，最终自食其果。

在这个纷嚷嘈杂的世界，金钱、美色、权力、地位、名声充斥了整个现实生活，给人们太多的诱惑，于是人们更多地注重对身外之物的关注和追求，迷失在物欲横流中。这个事实引人深思，发人深省。事实上，只有那些内心淡定的人，才能看清楚自己的内心而不至于迷失自己，他们无论是处于逆境还是顺境，也不管这个世界是浮华还是痛苦，他们总是保持平静的心态。

要让自己活得明白，就需要我们做到：

首先，静下心来，认识自己。

这并不意味着我们要放弃对物质生活的追求，相反，我们应该努力劳动、努力工作，去追求自己想要的生活。劳动与工作是一个人存在的价值。然而，有些人却在这过程中进入了误区——遗忘、迷失了自己。你始终不能忘记的是，自己才是主人公，是追求美好生活的主人公。因此，首先必须认识自己，好好地问一问自己：为这个世界做了什么？留下了什么？

其次，要树立正气。

人们常说，心底无私天地宽，无论是社会还是个人，都需要正气，它指引我们正确做人、正确做事。有了正气，我们就能看穿欲望陷阱，就能不迷失自己。

最后，要学会享受一个人的寂寞，学会在独处中反省自己。

一个人若想活得明白，就不能浑浑噩噩地活着，而应该做到经常反省自我。反省自己的德行、过失等，当然，这需要我们学会享受宁静，然而，现代社会，虽然是不断前进的，但前进的过程中，难免会出现一些阻碍、陷阱等，一个人想不迷失自己，就应时时反省自己，排除前进道路上的种种诱惑和阻碍，从而使人生之路越走越宽。

不要迷失自己，就要懂得享受宁静。脱下白领的衣服换上流行时装走进灯红酒绿的地方，好像都是现在人们放松的一种方式，随着灯光的闪烁人们摇摆着头甩着头发，这真的是一种放松的方式吗？灯火酒绿下，不知今夜又有多少无辜的少女或者少男沉醉在此？这是一种解脱的方式吗？

坚守一份执着，在迷茫的水面稳驾一叶轻舟；不再迷失自我，在喧嚣的尘世保持一份静默。迢迢暗夜，望一柄北斗为我们引路；茫茫雾海，燃一盏心灯为我们导航。可以一无所有，不能失去的是可贵的自信与执着。

在人生发展的道路上，我们如何选择继续往前走，决定了我们生命的高度，一些人贪图享乐，甚至总是愿意一条道走到黑，他们浑浑噩噩地度过每一天，在错误的道路上越走越远，甚至在追逐已定目标的道路上逐渐迷失了自己。因此，我们每个人都应该学会正确地定位自己、认清自己，看到自己的价值，然后找准目标，挖掘到自己的内在动力，再朝着正确的方向努力，你就能充分发挥自己的价值。可以说，这样的人生才是“明白”的人生。而在灯红酒绿的现代社会，我们要活得明白，就一定要静下心来，告诉自己，绝不可迷失自己，不管遇到多大的风浪都要坚定自己的立场。

卸下各种包袱，才能真正释放自我

对于所有人而言，在来到人世间的时候，都是赤裸裸的，所有的东西是处于“零”的状态。随着不断地成长，我们渐渐地有了很多需求，如亲情、友情、爱情、恩情，等等。只有拥有了这些东西，我们的人生才会变得更加丰富，更加精彩，生命也会因此而变得越发健康和充实。

人生就像一个天平，只有保持平衡，才能更加平稳。那么，这就要求我们必须学会接纳和承受。而很多时候，人们往往因为太执着，背负着太多的思想包袱，所以才会放不下。要想使自己变得轻松愉快、自由自在，就要尽量放轻松些，不要被沉重的思想包袱压得气喘吁吁。只有放下那些包袱、烦恼、不愉快的往事，才能快乐地、轻松地享受生活，体会到人生真正的幸福。

人不能活在未来，因为未来是未知的，非常神秘；人也不能活在过去，因为过去已经成为历史，一去不返，无法改变；人唯一能够真切把握的就是今天，所以我们要活在当下。很多时候，人们无限憧憬美好的未来，把一切希望都寄托在虚无缥缈的未来上，因此浑浑噩噩地生活；很多时候，人们因为过去所犯的错误久久不能释怀，甚至因此而惩罚自己。其实，这两种做法都是不正确的，正确的做法是把握好今天，活在当下。假如一味地沉湎于过去的往事，特别是那些不愉快的经历，不仅会破坏你的好心情，还会损害你的身体和心灵的健康。假如一味地沉湎于过去的光荣事迹，就会使你不停地抱怨现状。俗话说，好汉不提当年勇，正是为了让人们在今天再接再厉，努力地生活。

一个年轻人走在路上时，遇到了一位年长者，年长者眼泪婆娑。年轻人感到很好奇，便上前去问：“老人家，您为什么会这么悲伤啊？”

老人抬了抬头，然后诉苦道：“我真是命苦啊。少年时，我听说国王喜欢与武者为友，于是我便拜了一位武者为师，可是当我学成之后，这个皇帝已经驾崩了。后来，我又听说新皇帝喜欢与文人交往，于是，我又拜了个秀才为师，然而，待我学成后，皇帝又喜欢与少者为友，而我那时已两鬓斑白。就这样，我最后一事无成。现在我走在街上，忽然想起了这些经历，所以才在此痛哭啊！”

这位老者文武俱通，不可谓不是个人才，但他却不懂得放下，因此到最后一事无成。事实上，人的生命毕竟是有限的，有时候，我们对于某些目标的成功也都是幻想，是不可能实现的，如果你把你毕生的时间都花在了坚持那些无谓的执念上，那么，当你年迈之时，只能悔之晚矣，而学会放下那些执念，你才可能充足人生，迎来新的人生。

古人云：无欲则刚。真正地放下，才是一种大智慧、一种境界。因为不属于我们的东西实在太多了，只有学会放弃，才能给心灵一个松绑的机会。表明上看，放下了就意味着失去，所以是痛苦的，然而，如果你什么都想要，什么都不想放下，那么，最终你什么都得不到。人生苦短，无非几十年，有所得也就必有所失。只有我们学会了放弃，我们才会拥有一份成熟，才会活得坦然、充实和轻松。

研究人员经过研究也证实，那些总是沉湎于过去，特别是对自己以前的遭遇愤愤不平或者是懊悔自己曾经失去的机会的人健康状况远远不如普通人，对疼痛更加敏感，而且更容易生病。看到这里，也许有人会认为自己应该着眼于未来。研究人员同样证实，过于关注未来发展尽管不会损害你的健康，但是却会阻碍人们享受自己当下所拥有的一切。只有那些努力享受当下，从过去的经历中汲取经验并且合理地计划未来的人，才是最健康、最快乐的人。实际上，过于纠结于过去的往事，会使人们的心灵背负沉重的包袱，无法得到放松。

安东尼·罗宾在演讲的时候，总要对年轻人说：“今天才是我们生活的日子，也是我们在历史上唯一生存的一段时间，所以，所谓‘美好的古老时光’指的就是今天。只有今天，才是属于我们的时代。我不曾向你们诉说悲惨的一面，也不曾向你们描绘美好的一面，更不会向你们灌输过度的克服生存危机的乐观思想。我唯一想要告诉你们的是，生活中，每一个人都无法避免变化和挫败。”由此可见，对于任何一个试图克服生存危机、更好地生活的人而言，都必须让生命回到现在。

佛教有云：应病予药、应机说法；一切都是唯心所现，唯识所变。殊不知，人生真正的快乐在于放下多少，而不在于拥有多少。只要我们真正放下那些沉重的包袱，就能够自然而然地境由心转，海阔天空。在这个世界上，正是因为沉湎于过去的伤害和问题，人们才难以摆脱愤怒、沮丧、痛苦和绝望的情绪。事实证明，你越是念念不忘过去的那些事情，那些事情就会变得越来越沉重，你的心情也就会变得越来越糟糕。只有让过去的成为过去，彻底放下或者忘记，你才能轻松地继续前行。

倾听内心声音，在寂寞中认识自己

我们都知道，人是一种社会性动物，需要与他的同类交往，需要爱和被爱，否则就无法生存。世上没有一个人能够忍受绝对的孤独。但是，绝对不能忍受孤独的人却是一个灵魂空虚的人。不知是哪位诗人说过：“爱你的寂寞，负担那它以悠扬的怨诉给你引来的痛苦。”而事实上，我们可能忽视的一点是，这种因寂寞而引发的痛苦却恰恰是我们最应该珍视的礼物。其中就包括自我认知。寂寞使我们进入一种孤立的境地，而正是在这些孤立的时候，我们才更易于接近我们的灵魂，从而帮助我们认识到另外一个自己，这是信仰的开始，是省悟的开始。

我们不是在喧嚷中认识自己，也不是在人群之中认识自己，而恰恰是在寂寞的时刻认识自己，于独居的时刻认识自己，犹如深夜的月光洒落在纯净无瑕的窗户之上。任何一个拥有自我的人，都能做到静静地倾听自己内心的声音，以此认识到自己不为人知的另一面，这一面或许是为人处世中的不足与优势，或许是某种特长等，但无论是哪一方面，只要我们能及时探究出，就有利于自身的发展。

闹市中的人们是听不到自己心底的声音的，然而，我们不难发现的一点是，我们生活的周围，一些人却把命运交付在别人手上，或者人云亦云，盲目跟风，他们忽视了自己的内在潜力，看不到自身的强大力量，甚至不知道自己到底需要什么，不知道未来的路在哪里，于是，他们浑浑噩噩地度过每一天，一直在从事自己不擅长的工作和事业，以至于一直无所成就。因此，我们要做到的是倾听自己内在良知的声音，寻找到属于自己的人生意义，然后勇往直前坚持到底。

夜幕降临，喧闹的城市也已经安静下来了。

林先生和所有的城市白领一样，在忙完一天后，他准备回家，但心情郁闷的他还是决定去呼吸一下新鲜空气。今天，他和上司吵架了，他们在下半年的年度计划安排上产生了很大的分歧，上司批评了他，他在考虑要不要辞职的事。

他把车停在了护城河边上，接下来，他打开了自己喜欢的轻音乐，然后靠在了椅背上，他觉得自己好累。在这家公司工作五年了，五年来，他一直很努力，但不知道为什么他好像总是得不到上司的肯定，也一直没有得到升职的机会。可以说，他在这家公司一直工作得不开心，这到底是自己的原因还是因为没有得到肯定呢？

他反复思考着这个问题，最终，他发现，原来自己根本不喜欢这份工作，他一直倾向于设计类的工作，从大学开始，这就是他的职业理想，但毕业后的他却因为生计问题选择了现在的工作。

想通了以后，他轻松了很多。第二天，他将辞呈递上了上司的办公桌，然后离开了公司，这让很多同事感到愕然，但内里原因只有他自己知道。

这则案例中，林先生为什么作出辞职这个重大决定？因为他静下心来发现，自己的职业理想并不是现在的工作。这就是独处的力量！

生活中的我们，也应该安静下来问自己，我们到底是在不断提升自己，还是只顾面子，不肯跟自己"摊牌"呢？或许有正直不阿的指导者，曾经指出你身上存在的问题或闪光点，但可能你根本不愿意承认这点，因为你不愿意让他人看透自己。

所以，一切注重灵魂生活的人对于卢梭的这句话都会有同感："我独处时从来不感到厌烦，闲聊才是我一辈子忍受不了的事情。"这种对于独处的爱好与一个人的性格完全无关，爱好独处的人同样可能是一个性格活泼、喜欢朋友的人，只是无论他怎么乐于与别人交往，独处始终是他生活中的必需。

任何一个人，只有学会倾听自己内心真的声音，才可能不断挖掘出自身发展过程中不足的部分。面对激烈的竞争，面对瞬息万变的环境，那些不愿意反省自己或者不愿意及时改正错误的人，必将面临衰败的结局。同时，在快节奏的信息社会中，一个人如果不能及时察觉自身的缺点，不能用最快的速度修正自己的发展方向，也必然会在学业和事业中落伍，被无情的竞争所淘汰。

在独处时，我们能从人群和烦琐的事务中抽身出来，这时候，我们独自面对自己和上帝，开始了理智与心灵的最本真的对话。诚然，与别人谈古论今、闲话家常能帮我们排遣内心的寂寞，但唯有与自己的心灵对话、感受自己的人生时，才会有真正的心灵感悟。和别人一起游山玩水，那只是旅游；唯有自己独自面对苍茫的群山和大海之时，才会真正感受到与大自然的沟通。

第10章　在寂寞中修行，善忍寂寞方能破茧成蝶

生活中，我们大部分都怀揣梦想，然而，成功者毕竟是少数，我们可以说，任何一个成功的人，都有一段沉默的时光，而忍耐枯燥与痛苦是成功的必经之路。有本书上曾经这样说："能够忍受孤独的，是低段位选手；能够享受孤独的，才是高段位选手"。诚哉斯言！不同的人生态度，成就了不同的人生高度。如果你想赢得成功，就不得不忍耐这路程中的枯燥与痛苦，失败与辛酸，在忍耐之后继续奋斗，这样你才有力气走到最后，才能走向通往成功的路途。

甘于寂寞，在寂寞中前行

我们都知道，没有人能随随便便成功，自古以来的许多卓有成就的人，大多是抱着不屈不挠的精神，忍耐枯燥与痛苦之后，从逆境中奋斗挣扎过来的。在人生的道路上，我们若想有所收获，就必须耐得住寂寞。因为成功并不是一蹴而就的，需要我们耐心等候。

歌德说："人可以在社会中学习。然而，只有在孤独的时候，灵感才会不断涌现出来。"由此，我们可以看到的是，如果你今生想要有所建树，成就自我，那么，在孤独中坚守，在孤独中完善自我，走向成功，是必经之路。一个人，只有依靠自己的力量，脚踏实地顽强拼搏，才有可能达到目标，实现梦想。

自古以来，凡是能够成大事者，他们必须耐得住寂寞，排除外界的干

扰。然而，我们不得不承认，现实生活是一个处处充满诱惑，时时会有外来干扰的世界，要维持长时间的、集中的注意力，必须具备一定的自我控制能力，要做到这一点，就要我们做到静心，所以，从某种意义上说，内心是否宁静是我们能否持久专注于工作和学习的前提条件。也就是说，要抵御诱惑，需要我们在努力中保持一份平常心，这样，我们就能对外界的“花花绿绿”“流光溢彩”不生非分之心，不做越轨之事，不做虚幻之梦。

听说，前不久华人导演李安执导的《理智与感情》被列入了“影史伟大的100部英国电影”榜单。回望李安的成功，就好像一次生活的蜕变，但这个过程中，他付出了巨大的代价。内敛和害羞的李安曾说：“我天性竞争性不强，碰到竞赛，我会退缩，跟我自己竞争没问题，要跟别人竞争，我很不自在，我没那个好胜心，这也是命，由不得我。”这个信命的男人，却以自己强韧的耐心完成一次生命华丽的蜕变，从一个普通的男人蜕变成为响彻国际的大导演。

虽然，李安毕业时的作品《分界线》为他赢来了一些荣誉，但毕业之后，他没有找到一份与电影有关的工作，只得赋闲在家，靠妻子微薄的薪水度日。那段日子算是李安的潜伏期，他为了缓解内心的愧疚，不仅每天在家里大量阅读、大量看片、埋头写剧本，而且还包揽了所有的家务，负责买菜、做饭、带孩子，将家里收拾得干干净净。他偶尔也会帮人家拍拍片子、看看器材、做点剪辑处理、剧务之类的杂事，甚至还有一次去纽约东村一栋很大的空屋子去帮人守夜看器材。在这段时间，他仔细研究了好莱坞电影的剧本结构和制作方式，试图将中国文化和美国文化有机地结合起来，创造一些全新的作品。

后来，李安回忆起这段日子的煎熬生活，依然十分痛苦："我想我如果有日本男人的气节的话，早该切腹自杀了。"就这样，在拍摄第一部电影之前，他在家里当了六年的家庭主男，练就了一手好厨艺，就连丈母娘都夸奖："你这么会烧菜，我来投资给你开馆子好不好？"蛰伏了一段时间之后，李安出山了，他开始执导自己的第一部电影《推手》，紧接着，他内心对电影艺术的狂热就好像终于等到了机会发泄出来，一部接着一部，部部片子都是经典，都为其成功奠定了扎实的基础。

就这样，李安完成了一次生命华丽的蜕变。

这里，我们佩服的是李安导演因为自始至终对电影业都怀抱理想和希望，所以他能够在家里做六年的"煮夫"，足见他的忍耐力。就连李安自己也自嘲说："我想我如果有日本男人的气节的话，早该切腹自杀了。"在那段煎熬的日子里，他不断蛰伏着，就好像蝴蝶在蜕变之前所经历的一切环节，忍受着寂寞与孤独，忍受着枯燥和痛苦，但他终于以自己的耐心等来了那一天，终于，他成功了，虽然，蜕变的代价是巨大的，但他已经忍受了过来，现在的他，只需要轻轻地努力就可以采摘成功的果实，生活对于他，也从来都是公平的。

西奥多·罗斯福也曾说过："有一种品质可以使一个人在碌碌无为的平庸之辈中脱颖而出，这个品质不是天资，不是教育，也不是智商，而是自律。有了自律，一切皆有可能，无律，则连最简单的目标都显得遥不可及。"任何一个人的才能，都不是凭空获得的，学习是唯一的途径。学习的过程，就是一个不断克服自我，控制自我的过程，只有首先战胜自己，摒除内在和外在的干扰，才能以全部的激情投入到对知识的汲取中。

一点一滴积累，起点低同样能成功

生于社会中的人，都有着自己的梦想，都幻想着自己成功的无数可能，然而，面对手头卑微的工作，他们总是抱怨自己生不逢时，自己没有高学历，没有资本，没有贵人相助……殊不知，成功人士何尝不是从基层做起的呢？现在的强者，何尝不是曾经的弱者？所以，起点低并不重要，重要的是你有没有进取心，如果你毫无野心、做一天和尚撞一天钟，那么，你永远只会庸庸碌碌、毫无成就。

进取心是人类聪明的源泉，它是威力最强大的引擎，是决定我们成就的标杆，是生命的活力之源。美国迪斯尼乐园的创始人沃尔特·迪斯尼说：做人如果不继续成长，就会开始走向死亡。齐白石到93岁才画了600幅画，歌德到80岁的时候才写出世界名著，的确，进取是没有止境的，任何人都不能满足于现状，而需要不断地开拓新的领域。

所以，想法决定活法，即便你起点低，但人生总是充满无限的可能，而且，几乎所有的成功人士，刚开始所从事的工作都是卑微的，甚至是烦琐的、无聊的，但他们却不忘积聚自己的实力，在长久的努力中，他们厚积薄发，实现梦想。

欧普拉是一名美国女孩，因为家境贫寒，很早她就从学校辍学了，然后她去了一家超市打工，她每天几乎要工作16个小时以上，每晚回到家，她的双脚都是浮肿的，但这在她看来并没有什么，让她难过的是得不到别人的尊重。

在超市员工中，是分很多等级的，如果是厂家派遣过来的职员或者正式员工，工作体面，待遇也更好，而那些和欧普拉一样低学历的临时工，在超市是不被人看得起的。

在每天清理货架、搬运商品的工作中，欧普拉就告诉自己，我绝不能就这样下去，然后她会在脑海中描绘自己的未来，曾经她读很多经营学的书，为此，她希望自己有朝一日能成为市场营销的专家，她更有着从营销人员晋升到CEO的华丽梦想。

欧普拉经历了就业困难的时期和辛苦的公司生活，但她一刻也没有忘记自己在商场里，就已经确立下的梦想。如她所愿，欧普拉在市场营销领域崭露头角，几年后即被一家大企业选中，成为商场事业部的经理。

在你最忙碌、感到疲惫的时候，你不妨看看周围的人，即使做着同样的工作、看似差不多的生活，但在十年、五年乃至更短的时间，大家的命运都有可能完全不同，因为在每个普通的外表下，都有可能隐藏着不同的梦想，人生因梦想而变得闪闪发光。为梦想而工作，即使顶着压力，背负辛苦，你也会感到快乐。

可见，一个人的行动是受理想支配的，一个人，只要积极向上、朝着自己的梦想和目标奋进，即便当下做着再卑微的工作，他也始终会有成功的一天。为此，生活中的你们也要大胆地编制自己的梦想，让自己的理想超前一些，你的行动就会领先一步， 你才能找到学习的动力。心存梦想，力争上游的人，他的每一天都是积极的，长此以往，必定有不凡的成就。

另外，当今社会，人与人之间的竞争越发激烈。每个人都必须具备竞争意识。而如果你们想提升竞争力，在竞争中脱颖而出并走向成功的话，还必须具备一个前提条件，那就是志向和“野心”，这是我们不断努力、不断进取的动力。事实上，成功者永远有超出众人之外的、敢于力争第一的“野心”，“野心”就如同成功道路上的一盏明灯，指引人们永远向着光明的前方奋进。

进取心塑造了一个人的灵魂。每个人所能达到的人生高度，无不始于一种内心的状态。任何一个人，无论你现在做什么工作，起点有多低，都要力求更好，时时努力超越自己。希望和欲念是生命不竭的原因所在。记住无论在什么境况中，你都必须有继续向前行的信心和勇气，生命的生动在于永不放弃。

每天进步一点点，总会摘取成功的果实

我们都知道，任何成果的获得都不是一朝一夕的事，都需要我们坚持不断地努力，每天进步一点，你就会离成功更近一点。尽管你现在认为自己离成功还遥遥无期，但你通过今天的努力，积蓄了明天勇攀高峰的力量。

每天进步一点点，看似没有冲天的气魄。没有诱人的硕果，没有轰动的声势，可事实上，却体现了学习过程中一种求真务实的态度，每天进步一点点，是实现完美人生的最佳路径。

哈佛大学的老师常在课堂上对学生说："成功不是一蹴而就的，如果我们每天都能让自己进步一点点——哪怕是1%的进步，那么还有什么能阻挡得了我们最终走向成功呢？"的确，无论是学习还是追求成功，水滴就能石穿，每天进步一点点，并不是很大的目标，也并不难实现。也许昨天，你通过努力学习获得了可喜的成绩，但今天你必须学会超越，超越昨天的你，你才能更加进步，更加充实。人生的每一天都应该充满新鲜的东西。

生活中的人们，现在的你可能正在从事一项简单、烦琐的工作，你

感受到了前所未有的压力，感受到自己的前途渺茫，但请你记住，这才是人生的精彩之处。反而，如果一个人，他的一生太幸运了，太安逸了，就远离了压力的考验，反而变得毫无追求，苍白暗淡。而当你无法摆脱压力时，就应该反复对自己说："感谢生命之中的压力，这是生活对我的挑战和考验。""这是上天催促我努力学习、积极工作、奋发向上的动力。"换个角度去看问题，改变态度，困难和压力也会很快减轻。只要你能看到持续的力量，就能最终战胜风雨的洗礼，看到雨后绚丽多彩的霓虹。

1985年，在美国的职业篮球联赛中，洛杉矶湖人队因为队员们出色的球技，拿下冠军已经是手到擒来的事，但在最后的决赛时，因为各个方面的原因，湖人队却输给了波士顿的凯尔特人队，这让所有的球员和教练派特·雷利感到十分沮丧。

派特·雷利是一名金牌教练，他不会眼看着这些球员继续停留在沮丧中，为了鼓励大家重整旗鼓，他说道："从今天开始，我们能不能各个方面都进步一点点，罚篮进步一点点，传球进步一点点，抢断进步一点点，篮板进步一点点，远投进步一点点，每个方面都能进步一点点？"球员不假思索地答应了他的要求。

接下来，派特·雷利带领球员们进行了为期一年的训练，这一年内，所有球员始终抱着让自己"进步一点点"的精神，不断地提高自己的球技。

终于，就在第二年，也就是1986年的美国职业篮球联赛中，湖人队轻轻松松地夺得了冠军。

派特·雷利在庆功时，对所有球员们说："我们今天之所以能成功，绝非偶然，当初，我说我们要做到每天进步一点点，是啊，我们一共有12位球员，有五个技术环节，每个环节我们进步1%，所以一个球员进步了

5%，全队就进步了60%，在球技上处于巅峰的湖人队，提升了60%，甚至更高，所以我们获得出人意料的成绩是理所当然的。”

看完湖人队取得成功的故事，生活中的我们，应该有所启示，只要你每天进步一点点就已经足够，“不进则退”，只要是在前进，无论前进多么小一点都无妨，但一定要比昨天前进一点点。人生也必须每天持续小小的努力，才能有所成就。

人是善于学习和思考的动物，处于变化多端的社会中，唯一不让自己落伍的方式就是学习。只有学习，才能带来创新，才能更新我们的知识储备，以此来适应更激烈的社会竞争。

因此，如果你哀叹自己没有能耐，只会认真地做事，那么，你应该为你的这种愚拙感到自豪。那些看起来平凡的、不起眼的工作，却能坚韧不拔地去做，坚持不懈地去做，这种持续的力量才是事业成功的最重要基石，才体现了人生的价值，才是真正的能力。

在坚持的过程中，你可能也会遇到一些压力和困难，但我们要明白的是，任何危机下都存在转机，只要我们抱着一颗感恩的心耐心等待，再坚持一下，也许转机就在下一秒。

要做就做到底，有坚持才有胜利

古人云：“有志者，事竟成，百二秦关终属楚；苦心人，天不负，三千越甲可吞吴。”这句话的意思就是，只要我们坚持到底，无论梦想多大，都有实现的可能。我们常常发现有许多人在做事最初都能保持旺盛的斗志，然而，随着遇到的挫折的增多，他们变得懈怠，热情也退却了，最终放弃了希望，失去了自己应有的成功。

某些看起来平凡的、不起眼的工作，只要我们能坚韧不拔地去做，坚持不懈地去做，那么，这种持续的力量就能帮助我们获得事业的成功。

老亨利是一家大公司的董事长，他是个和蔼的老人。有一次，产品设计部的经理汤姆向老亨利汇报说："董事长，这次设计又失败了，我看还是别再搞了，都已经第九次了。"汤姆皱着眉头，神情非常沮丧。

"汤姆，你听我说，我让你来设计，就相信你能成功。来，我给你讲个故事。"老亨利吸了一口雪茄，开始讲起来，"我也是个苦孩子，从小没受过什么正式教育。但是，我不甘心，一直在努力，终于在我31岁那年，我发明了一种新型的节能灯，这在当时可是个不小的轰动呢！但是，我是个穷光蛋，要进一步完善需要一大笔资金。我好不容易说服了一个私人银行家，他答应给我投资。可我这种新型节能灯刚一投放市场，其他灯的销路就被阻断了，所以就有人暗中阻挠我成功。可谁也没想到，就在我要与银行家签约的时候，我突然得了胆囊症，住进了医院，大夫说必须马上做手术，否则就会有危险。那些灯厂的老板知道我得病了，就开始报纸上大造舆论，说我得的是绝症，骗取银行的钱来治病。结果，那位银行家不准备投资了。更严重的是，有一家机构也正在加紧研制这种节能灯，如果他们抢在我前头，我就完蛋了！我躺在病床上简直是万分焦急，最后只能铤而走险，不做手术，如期地与那位银行家见面。

"见面前，我让大夫给我打了镇痛药。和银行家见面后，我忍住剧烈的疼痛，装作没事似的，和银行家谈笑风生。但时间一长，药劲过去了，我的肚子就像刀割一样疼，后背的衬衣也让汗水湿透了。可我仍然咬紧牙关，继续周旋。我当时心里就只剩下一个念头：再坚持一下，成功与失败就在能不能挺住这一会儿！病痛终于在我强大的意志力下低头了，最后我终于取得了银行家的信任，签了合约。我在送他到电梯口时脸上还带着微笑，并挥手向他告别。但电梯门刚一关上，我就扑通一下倒在地上，失去了知觉。提前在隔壁等我的医生马上冲过来，用担架将我抬走。后来据医生说，我的胆囊当时已经积脓，相当危险。知道内情的人无不佩服我这种精神。我呢，就靠着这种精神一步步走到现在。”

汤姆被老亨利的故事感动了，他感到万分惭愧。和董事长相比，自己遇到的这点压力算什么呢？

“董事长，您的故事让我非常感动，从您身上我真正体会到了再坚持一下的精神。我非常感谢您给我的鼓励和提醒。我回去再重新设计，不成功，誓不罢休。”汤姆挺着胸，攥着拳，脸涨得通红，说话的声音有些颤抖。

事实是最好的证明，在试验进行到第十二次的时候，汤姆终于取得了成功。

任何人、任何事情的成功，固然有很多方法，但最根本的就是需要坚持。不管遇到什么困难，只有风雨无阻并相信自己能成功，就一定能迎来曙光、迎来成功。老亨利和汤姆的成功就是最好的证明。而相反，如果我们老在前进的道路上给自己设置重重的心理障碍，如果总是让自己刚迈出的脚步又退回原点，那么又如何战胜压力走向终点呢？唯有抱着一种不怕输、不认输的精神，有一种失败后再坚持一下的勇气，那么最终肯定能获得成就。

也许，现在的你可能正在从事一项简单、烦琐的工作，你感受到了前所未有的压力，感受到自己的前途渺茫，但请你记住，这才是人生的精彩之处。反而，如果一个人，他的一生太幸运了，太安逸了，就远离了压力的考验，反而变得毫无追求，苍白暗淡。一旦你失去了必要的压力，就会驻足不前，那么你就等于失去了成功的基石，有一天你会发现自己身后只剩一片悬崖。因此，面对现实工作给自己带来的压力，你不要总是想着给自己减压，还要适当给自己加压，因为压力是孕育成功的土壤，只有在沉重的现实面前，压力才能将潜能激发出来。而当你无法摆脱压力时，就应该反复对自己说："感谢生命之中的压力，这是生活对我的挑战和考验。""这是上天催促我努力学习、积极工作、奋发向上的动力。"换个角度去看问题，改变态度，困难和压力也会很快减轻。

事实证明，任何一个取得成功的人，都是因为他付出了超乎常人的努力。一个人要想获得人生的幸福，那么每一天都应该勤奋工作。任何人的努力都是一个长期的过程，只要坚持就一定能够获得不可思议的成就。

苦难能吞噬弱者，更能造就强者

我们都知道，在人生道路上，困难和挫折是难免的，尤其是希望有一番成就的人们，更要有心理准备，人生会起起伏伏，我们无法预料，但是有一点我们一定要牢牢记住：绝境能吞噬弱者，也能造就强者。当你遇到逆境时，千万不要忧郁沮丧，无论发生什么事情，无论你有多么痛苦，都不要整天沉溺于其中无法自拔，不要让痛苦占据你的心灵。即便身处绝境，我们也要有勇气直面困难并且做到一直向好的方向行进，这才是一种努力达到和谐的状态，那么，你最终将战胜困难，走出困境。

人们常说“置之死地而后生”。为什么生命在“死地”却能“后生”？就是因为“死地”给了人巨大的压力，并由此转化成了动力。没有这种“死地”的压力，又哪有“后生”的动力？这一点，也向我们证明了困境的激励作用。

实际上，上天对我们每个人都是公平的，为什么有些人能攫取成功的果实，有些人却只能甘于平庸？其中一个很大的原因就在于他们是否有走出困境的毅力。命运在为我们创造机会的同时，也为我们制造了不少“麻烦”。此时，如果倒下了，那么你也就失去了成功的机会；如果你经过挫折、失败的锤炼后变得更加坚强，那么你就是真正的强者。

科学家贝佛里奇也曾说过：“人们最出色的工作往往在处于逆境的情况下做出。思想上的压力，甚至肉体上的痛苦都可能成为精神上的兴奋剂。”因此可以说，挫折是造就人才的一种特殊环境。“自古英雄多磨难”。历史上许多仁人志士在与挫折斗争中作出了不平凡的业绩。因此，渴望成功的人们，任何时候都不要放弃希望，哪怕处于人生的绝境中，只要你抱有希望，就能绝处逢生。

当我们面临考验之际，往往会以为已经到了绝境，但此时不妨静下心来想一想，难道真的没有机会了吗？当然不，只要你满怀希望，你会发现，你在经受的只是一个考验，考验过去就是光明，就是成功。

要走出困境，关键还在于我们自己。古语云：“自助者，天助之。”把别人的帮助当作希望，往往只是一种被动的奢求，外界的帮助使人更加脆弱，自助却使人得到恒久的鼓励。

有一个穷人为农场主做事。有一次，穷人在擦桌子时不小心碰碎了农场主一只十分珍贵的花瓶。

农场主向穷人索赔，穷人哪里能赔得起。最后被逼无奈，只好去教堂向神父讨主意。神父说："听说有一种能将破碎的花瓶粘起来的技术，你不如去学这种技术，只要将农场主的花瓶粘得完好如初，不就可以了。"

穷人听了直摇头，说："哪里会有这样神奇的技术？将一个破花瓶粘得完好如初，这是不可能的。"神父说："这样吧，教堂后面有个石壁，上帝就待在那里，只要你对着石壁大声说话，上帝就会答应你的。"

于是，穷人来到石壁前，对石壁说："上帝请您帮助我，只要您帮助我，我相信我能将花瓶粘好。"话音刚落，上帝就回答了他："能将花瓶粘好，能将花瓶粘好……"

穷人听后希望倍增、信心百倍，于是辞别神父，去学粘花瓶的技术去了。

一年以后，这个穷人通过认真的学习和不懈的努力，终于掌握了将破花瓶粘得天衣无缝的本领。他真的将那只破花瓶粘得像没破碎时一般，还给了农场主。所以他要感谢上帝。神父将他领到了那座石壁前，笑着说："你不用感谢上帝，你要感谢就感谢你自己。其实这里根本就没有上帝，这块石壁只不过是块回音壁，你所听到的上帝的声音，其实就是你自己的声音。你就是你自己的上帝。"

和故事中的这个穷人一样，身处困境时，你要记住，没有人能解救你，除了自己拯救自己。其实每个人都有拯救自己的能力，许多人走不出人生或大或小的各种阴影，是因为他们没有耐心找准一个方向坚持走下去，直到眼前出现新的洞天。

法国作家巴尔扎克说："挫折就像一块石头，对于弱者来说是绊脚石，让你怯步不前；而对于强者来说却是垫脚石，使你站得更高。"只有抱着崇高的生活目标，树立崇高人生理想，并自觉地在挫折中磨炼，在挫折中奋起，在挫折中追求的人，才有希望成为生活的强者。

所以，世界上没有任何事情是不可能的，如果你有成就事业的强烈愿望，你已经成功了一半，剩下的就是用你的心去实现它了。

挑战命运，砥砺心智

相信我们每个人都知道，在人生道路上，困难和挫折是难免的，人生起起落落也无法预料，但是有一点我们一定要牢牢记住：将困难置于渺小的境地，你在心态上就战胜了困难。因此，当我们遇到逆境时，千万不要忧郁沮丧，无论发生什么事情，无论你有多么痛苦，都不要整天沉溺其中无法自拔，不要让痛苦占据你的心灵。困难来临时，我们要有勇气直面困难、打倒困难，以顽强的意志战胜困难。

生命路上，谁也不会一帆风顺，但困难也是砥砺人生的一把利器，我们要咬牙忍住，才能使自己永远立于不败之地，才能驾驭自己的人生，在真正意义上实现人生价值。

因为家境贫困，再加上爸爸酗酒，所以小华的内心非常自卑。早在初中时代，记得有一次，小华作为班长带领班级的几个骨干出黑板报，因此耽误了晚上回家吃饭的时间，为此，爸爸去送饭给小华吃。那天，小华的弟弟正好生病了，所以，爸爸去得比较晚，都快上晚自习了才去。妈妈做了肉丝，用大饼包着让爸爸送给小华。不过，让小华惊讶的是，爸爸居然还带了一罐八宝粥。要知道，小华和弟弟平时可是很少吃八宝粥的，所以，小华坚持没有吃八宝粥，让爸爸带回去给弟弟吃。虽然爸爸给小华送饭，小华心里觉得暖暖的，但是，小华也还是很生气。小华很了解爸爸，只看了爸爸一眼，她就知道爸爸又喝多了，眯缝着眼睛，话也特别多。因为爸爸酗酒，所以总是和妈妈吵架，给小华的心理带来了很大的阴影。看到爸爸醉醺醺的样子，小华根本不想搭理他，没有好气地和爸爸说话。后来，同学问小华，为什么爸爸对她这么好，还给她送饭，但是她却好像在生爸爸的气呢。小华无言以对，因为她不能告诉同学爸爸酗酒给家庭带来了很大的伤害。就这样，小华变得越来越敏感和自卑，她总是问自己，为什么没有一个不酗酒的好爸爸呢？为此，她不仅无法从家庭中得到安全感，甚至觉得自己在同学们面前矮人三分，虽然她的学习成绩始终在班级中遥遥领先。几年的时间过去了，小华变得越来越沉默，她高中毕业后考进了一所师范院校。

在读大学期间，小华的文章写得非常好，还发表了好几篇。学校文学社的老师看到她优美的文笔，便鼓励小华参加文学社。小华担心自己不行，迟迟没有答应。直到又发表了几篇文章之后，她才鼓足勇气参加了文学社。进文学社不到一年时间，小华就因为表现出色被大家推选为副社长。在文学社中，小华因为才华横溢，所以很受同学和老师的推崇。渐渐地，她不再那么自卑了。以前，因为爸爸酗酒，即使每次考试都是班级第一名，她也仍然觉得在人前抬不起头来。现在，因为出色的表现、优美的文笔，小华慢慢地有了自信。随着年岁的增长，她意识到每个人都有选择自己生活的权利，别人可以建议，但是却没有权利干涉。因此，她不再因为爸爸酗酒的事情而自惭形秽了。随着自信心的增强，小华意识到自己在文学方面颇有才华，而且，她不仅非常喜欢写作，也很喜欢阅读。在老师的引导下，她变得越来越乐观开朗，不仅把文学社搞得有声有色，而且发表了越来越多的文章。大学毕业后，小华因为具有文学方面的才华，被学校保送某著名大学的中文系读研。

很难想象，小华幼小的心灵因为爸爸酗酒承受了多么大的压力，甚至每次考试都是班级第一名也无法排解她的自卑心理。从某种程度上说，爸爸酗酒的事情像一片阴云一样遮住了小华的天空。幸运的是，小华进入师范院校读书以后参加了学校的文学社，因为认识到了自己的优点和特长，所以她渐渐地有了自信，对人生也充满了希望。可以说，假如没有认识到自己在文学方面的才华，小华的人生很可能是另外一番景象。由此可见，磨难中砥砺心志是多么重要。

因此，我们每一个人都应该记住：逆境总是吞噬意志薄弱的失败者，而常常造就毅力超群的事业成功者。磨难是魔鬼，它夺走了你的光明。磨难也是天使，它是一座深不可测的宝藏。要在逆境中赶走魔鬼、拥抱天使，最重要的美德就是坚韧。

一个人跌倒并不可怕，可怕的是跌倒之后爬不起来，尤其是在多次跌倒以后失去了继续前进的信心和勇气。不管经历多少不幸和挫折，内心依然要火热、镇定和自信，以屡败屡战和永不放弃的精神去对付挫折和困境。那么，你会不断强大起来。

在生活中，你也可能遇到某些困难，遇到某些不顺心的事，你可能会因此变得沮丧。其实，应告诉自己，困境是另一种希望的开始，它往往预示着明天的好运气。因此，你只要放松自己，告诉自己希望是无所不在的，再大的困难也能坦然面对。

第 11 章　梦想的路要坚守，在寂寞中坚持才能迈向成功

生活中，我们每个人都怀揣梦想，但是为什么有些人能攫取成功的果实，有些人却只能甘于平庸？许多人没有走出属于自己的成功，是因为他们没有耐心找准一个方向坚持走下去，直到眼前出现新的洞天。追求梦想的过程中，虽然我们经常会遇到挑战、压力甚至是困境，它会让你身心疲惫，但这些磨难也会让人的意志变得更加坚强，性格更加成熟，能力更加提高，从而最终获得成功。因此，从现在起，我们要认识到，梦想的路要坚守，要耐得住寂寞，在寂寞中积蓄力量，只有这样，才能最终迈向成功。

现在努力，总有一天你会变得很棒

我们都知道，人生旅途上沼泽遍布，荆棘丛生。也许会山重水复，也许会步履蹒跚，也许，我们需要在黑暗中摸索很长时间，才能找寻到光明……但这些都算不了什么，一个心中有梦想的人，都会坚信一点，总有一天，他们会变得很棒，所以，你也只有做到不放弃，知道自己要什么，该干什么，那么就应该勇敢地去敲那一扇扇机会之门。

里根生在一个极其普通的家庭，全家四口人只靠父亲一人当售货员的工资维持生活。生活的艰辛磨炼了里根的意志，也使他产生了出人头地的强烈愿望。

里根大学毕业后，想试着在电台找份工作，然而每次都碰一鼻子灰。

最后，里根驾车行驶了70英里来到了特莱城，试了试爱荷华州达文波特的电台。电台主任让里根站在一架麦克风前，凭想象播一场比赛。由于里根的出色表现，他被录用了。

在回家的路上，里根想到了母亲的话："如果你坚持下去，总有一天你会交上好运。并且你会认识到，要是没有从前的失望，那是不会发生的。"

这次求职成了里根人生旅途的新起点。它使里根懂得，一个人只要有信心，能把握自己该干什么，那么就应该走出去敲那一扇扇机会之门。

下面一个简单的故事，却蕴含了一个深刻的道理，它告诉我们——坚持在追求梦想的过程中是多么重要。

1819年，在横跨得克萨斯州的火车上，一个瘦高个子，大约13岁的男孩，正在卖报纸和雪茄烟。当旅客们谈论有关投资方面的事情时，这个年轻人总会全神贯注地听着。

这个卖报的孩子叫威廉，他希望成为一个预测未来的交易商。过往的人纷纷嘲笑他："噢，祝你好运，没有人能预测未来。"

为了这个梦想，长大后的威廉整天躲在狭小的地下室里，将数百万根的K线一根根地画到纸上，贴到墙上，接下来便对着这些K线静静地思索，有时他甚至能面对着一张K线图发几个小时的呆。

后来他干脆把美国证券市场有史以来的记录搜集到一起，在那些杂乱无章的数据中寻找着规律性的东西。由于没有客户，挣不到薪金，这个美国人许多时候不得不靠朋友的接济勉强度日。

这样的情况在他的世界延续了6年。这6年，威廉集中研究了美国证券市场的走势与古老数学、几何学和星象学的关系。

6年后，他发现了有关证券市场发展趋势的最重要的预测方法，他把这一方法命名为“控制时间因素”。他在金融投资生涯中赚取了5亿美元，成为华尔街上靠研究理论而白手起家的神话人物。

他叫威廉·江恩，世界证券行业尽人皆知的最重要的“波浪理论”的创始人。

成功需要梦想，梦想需要坚持，这是一条最原始也是最简单的真理。诺贝尔奖获得者巴斯德曾豪迈地宣称：“告诉你达到目标的奥秘吧，我唯一的力量就是我的坚持精神。”需要持之以恒的原因就在于，世上凡是有价值的事情通常都是有一定难度的，不可能一蹴而就，因此只有持之以恒才能完成。

在我们的生活中，也有不少人，在他们的内心，都有自己的梦想，但紧张的工作，可能会让你搁浅心中的梦想。但你发现没，正是因为你失去了梦想，你才会显得无力，没有热情。任何人潜能的激发只有具有一个伟大的动力，才会被最大限度地激发出来。而在这个过程中，最为重要的就是在面对压力、挫折、困难时是否有继续向前的愿望和动力，任何想要成功的人，他首先要学会的就是坚忍不拔，要能够超越失败，成功才会与你越来越近。

坚守目标，内心淡定才会赢来最后的成功

人生在世，要有一番成就，就必须要努力，就必须专注。我们发现，那些攀岩成功的人都有个共同特征，那就是他们不会三心二意，也不会向下看，他们会一直努力地攀登，这样，尽管脚下是万丈悬崖，他们也不会

害怕。可见，如果我们希望成就一番事业，就必须做到内心淡定，始终朝着目标前进。很多成功者在种种经历后，回望身后的辛酸血泪之路都会发现，真正内心淡定的人才是最后的赢家。

我们先来看下面一个故事：

孔子带领学生去楚国采风。他们一行从树林中走出来，看见一位驼背翁正在捕蝉，他拿着竹竿粘捕树上的蝉，就像在地上拾取东西一样自如。

“老先生捕蝉的技术真高超。”孔子恭敬地对老翁表示称赞后问，“您对捕蝉想必是有什么妙法吧？”

“方法肯定是有的，我练捕蝉五六个月后，在竿上垒放两粒粘丸而不掉下，蝉便很少有逃脱的。如垒三粒粘丸仍不落地，蝉十有八九会捕住；如能将五粒粘丸垒在竹竿上，捕蝉就会像在地上拾东西一样简单容易了。”捕蝉翁说到此处，捋捋胡须，严肃地对孔子的学生们传授经验。

他说：“捕蝉首先要学练站功和臂力。捕蝉时身体定在那里，要像竖立的树桩那样纹丝不动；竹竿从胳膊上伸出去，要像控制树枝一样不颤抖。另外，注意力高度集中，无论天大地广，万物繁多，在我心里只有蝉的翅膀，我专心致志，神情专一。精神到了这番境界，捕起蝉来，那还能不手到擒来，得心应手么？”大家听完驼背老人捕蝉的经验之谈，无不感慨万分。

孔子对身边的弟子深有感触地说：“神情专注，专心致志，才能出神入化、得心应手。捕蝉老翁讲的可是做人办事的大道理啊！”

驼背翁捕蝉的故事向我们昭示了一个真理：凡事专心致志、心无旁骛，才能出色地完成，把工作做好做到位，取得成功。

事实上，除了捕蝉外，其他任何事又何尝不是如此呢？无论做什么事，最要不得的就是三心二意。戴尔·卡耐基曾经根据很多年轻人失败的经验得出一个结论："一些年轻人失败的一个根本原因，就是精力分散，做不到专注。"托马斯·爱迪生曾说过："成功中天分所占的比例不过只有1%，剩下的99%都是勤奋和汗水。"这句话告诉我们做事需要专注，不腻烦、不焦躁、一门心思才能取得好的效果。

成功者之所以成功，就是因为他们懂得做事要专注的道理，在专注的过程中，他们经过了沮丧和危险的磨炼，并造就了他们天才的大脑。在不断努力并获得成果的过程中，他们产生了活力和不屈不挠的奋斗意志。因此，意志力可以定义为一个人性格特征中的核心力量，概而言之，意志力就是人本身。它是人行动的驱动器，是人的各种努力的灵魂。做事过程中，我们也要运用意志力的力量，做到这一点，你也能获得卓越的才能。

从前，有一个养蚌人，他想培育一颗世界上最大最美的珍珠。

这天，他来到大海边挑选沙粒。于是，他便问遇到的沙粒，问它们愿不愿意经过磨炼变成珍珠。这些沙粒一听，变成珍珠要经受很多痛苦，没有阳光雨露，没有空气，远离海洋，它们就都摇头。

养蚌人一次次被拒绝，他都快绝望了。可就在这时，有一粒沙子答应了。因为，它一直想成为一颗珍珠。旁边的沙粒都嘲笑它，说它太傻，但这颗沙粒还是坚持和养蚌人走了。

一转眼，几年过去了，那粒沙子已经长成了一颗晶莹剔透、价值连城的珍珠，而曾经嘲笑它的那些伙伴们，有的依然是海滩上平凡的沙粒，有的已化为尘埃。

事实上，我们成长成才的过程又何尝不像这颗珍珠呢？你忍耐着，坚持着，当走完黑暗与苦难的隧道之后，就会惊讶地发现，平凡如沙子的你，不知不觉中已长成了一颗珍珠。

人生就像马拉松赛跑一样，只有坚持到终点的人才有可能成为真正的胜利者。著名航海家哥伦布在他的航海日记上最后总是写着这样一句话“我们继续前进”。这话看似平凡，但也告诉了所有正在为目标奋斗的人们一个道理，达成目标需要无比的信心和意志力。在这个过程中，你只有坚守内心的目标，付出艰辛的劳动，你才会实现蜕变、获得成功。

身处困境，也要坚守信念

有人说，人生是一次长途跋涉，旅途中常常有曲折和险阻。如果抱着只希望走一帆风顺之路的心态，而不会转弯的人，恐怕是难以登上人生的制高点的，因为谁的成功都不会手到擒来。在生活中你也会遇到一些难题，此时，你难免会产生一些焦躁的情绪，但焦躁对于事情的解决毫无帮助，你只有静下心来，才能冷静地思考解决的方法。因此，无论发生什么，你都要记住，一定要有个好心态，不到最后一刻都不要放弃。

美国影视演员克里斯托弗·里夫因在电影《超人》中扮演超人而家喻户晓，但谁也没想到的是，接下来他却遭遇了一场从天而降的大祸。

1995年5月27日，里夫参加了弗吉尼亚的一个马术比赛，谁知中间发生了意外事故，里夫头部着地，第一及第二颈椎全部折断。长达五天的时间，里夫终于醒过来了，不过医生说，他也不能确定里夫能不能活着离开手术室。

在那段时间里，里夫的人生陷入谷底，他甚至几次想到了轻生。后来，他出院了，他的家人为了能让他心情好点，便用轮椅推着他出门旅行。

有一次，他的家人开车带他出门游玩，当车来到一路盘旋的盘山公路上时，他望着窗外，望得出神，他似乎想到什么，他发现，每当车开到道路尽头的时候，路边就出现一块交通警示牌："前方转弯！"或"注意！急转弯"，这些警示文字赫然出现在他的眼前。然而，只要车开过了弯道，前面就会出现豁然开朗风景。突然，"前方转弯"这几个大字好像刻在了他的心里，也给了他当头一棒，原来，路不是到了尽头，只是该转弯了。他幡然醒悟，于是，他对家人大喊一声："我要回去，我还有路要走。"

从此以后，他完全改变了以往颓废的生活，他以轮椅代步，当起了导演，他第一部首席执导的影片就荣获了金球奖；他尝试着用嘴咬着笔写字，他的第一部书《依然是我》一问世就进入了畅销书排行榜。与此同时，他创立了一所瘫痪病人教育资源中心，并当选为全身瘫痪协会理事长。他还四处奔走，举办演唱会，为残障人的福利事业筹募善款，成了一个著名的社会活动家。

最近，美国《时代周刊》报道了克里斯托弗·里夫的事迹。

在这篇文章中，他回顾自己的心路历程时说："以前，我一直以为自己只能做一位演员；没想到今生我还能做导演、当作家，并成了一名慈善大使。原来，不幸降临的时候，并不是路已到了尽头；而是在提醒你：你该转弯了。"

一次偶然的事件，让原本几乎绝望的克里斯托弗·里夫重新选择了一条人生的路。在这条路上，他同样取得了成功甚至是辉煌。

生活中的你，在追求梦想的过程中，可能也会遇到困难，可能你也会选择放弃，但是，请想一下，如果选择了真正的绝望，向所谓的命运妥协了，那么你就真的彻底失败了；而如果你选择另外一种心态，那么，只要你继续思考，你就有可能绝处逢生。

然而，失败平庸者多，主要是心态有问题。遇到困难，他们总是挑选容易的倒退之路。“我不行了，我还是退缩吧。”结果陷入失败的深渊。成功者遇到困难，他们能心平气和，并告诉自己：“我要！我能！”“一定有办法。”

当然，这还需要我们培养自己的耐力，要坦然面对任何困难。

日本著名企业家松下幸之助，就是一个在困难中勇于挺住，赢得时间，最终成就大业的商界巨人。他在谈经营管理的论著中，专门阐述了如何面对经济不景气的问题。他认为，不景气是企业发展过程中的一个阶段。从景气到不景气，再到景气，这是经济发展的客观规律。当不景气来临时，正好考验经营决策者的能力和胆识。他说：“利用不景气打天下，当大家在不景气下一筹莫展时，你仍有开拓事业的勇气和能力，在不景气下去将来就是你的天下了。”

松下幸之助正是在创业初期利用不景气进行负债经营，添置设备，在度过困境后才有了更大的发展。

事实上，人们驾驭生活的能力，是从困境生活中磨砺出来的。和世间任何事件一样，苦难也具有两重性。一方面它是障碍，要排除它必须花费更多的力量和时间；另一方面它又是一种肥料，在解决它的过程中能够使人更好地锻炼提高。

要突破困境，绝对不能消极等待，而要在等待中积极寻找突破口，创造条件去克服困难，从而实现从“山重水复疑无路”到“柳暗花明又一村”。

蜕变来自点滴的积累

俗话说："台上一分钟，台下十年功。"有可能在台上表演的时间往往只有短短的一分钟，但为了台上这一分钟的表演时间，许多人却要为此付出十年的艰辛努力，甚至需要付出更长时间的努力。

同样，在这个世界，没有任何一个人能随随便便成功，因为罗马城也不是一天就建成的，蜕变来自长时间的积累，一步登天的奇迹，以及一蹴而就的成功，也是经历了上百次的尝试，才铸就了这样短暂的光辉。

有奥运史上的第一个世界冠军之称的康纳利曾于1895年被哈佛大学录取，专业是古典文学，而在学校的时候，他已经是当时全美三级跳远冠军了。

那一届的奥运会在雅典举行，康纳利听说后准备向学校请8周假，以此来参加，但学校拒绝了他的要求，然而，康纳利坚持了自己的决定，他想一试身手。于是，他毅然离开了哈佛，自己争取到参加奥运会的资格，成为美国代表团11个成员之一。

同行的参赛队员都是免费参加比赛的，但康纳利是个贫穷的学生，他哪有这样的待遇，他这次参赛是在一家很小的体育协会的赞助下进行的，由于资金紧张，他花掉了自己仅有的700美元的积蓄，才登上了德国德福达号货船。

然而，就在出发前的两天，他的后背突然受伤了，他差点绝望，但庆幸的是，从纽约到那不勒斯的航行过程中，他的伤竟然痊愈了。但刚刚下船，康纳利的钱包又被偷走了，这还不算最糟糕的，由于时差关系，希腊和西方的日历不同，就在他们到达的第二天就需要进行比赛，本来他们以为比赛会在12天之后举行。而更糟糕的是，康纳利从小所练习的是单足跳、跨步、起跳，而奥运会三级跳远项目的起跳要求是单足跳、单足跳、起跳。

1896年4月6日下午，三级跳远比赛开始了。在别的运动员跳完之后，康纳利最后一个出场了。他走到沙坑前面，把自己的帽子扔到了一个别的运动员跳不到的位置上，大声叫喊着："我要跳到帽子那里去。"他在跑道上加速，按照新的规则，先两个单足跳，然后起跳，最后落在了比他的帽子更远的地方，跳出了13.71米的好成绩，成为现代奥运会上的第一个冠军。后来，康纳利与哈佛大学达成和解，并获得了博士学位。

或许，大多数人所知道的信息是"1896年4月6日，来自美国哈佛大学的大学生詹姆斯·康纳利成为了奥运史上的第一个世界冠军"。这只是我们所知道的表面的成功的信息，却不知其背后的艰辛，且不说康纳利在去参加比赛之前所遇到的糟糕情况，我们只是说康纳利从小就开始练习跳远，直到上了大学之后，才有幸参加了奥运会，因此才展露了自己的才华，这其中忍耐的时间有多长呢，康纳利都忍受了过来，并且一直没有放弃，最终修建了属于自己的罗马城。

生活中，做任何事情都需要一个过程，一点点累积，就足以凝聚成一股巨大的力量。如果你放松了平日的努力，只靠临时抱佛脚，那将注定失败。有时候，在平日中不断努力却没有得到回报的人们，心里总是抱怨：为什么上天不公平呢？其实，上帝给予我们的都是公平的，如果你还没有得到回报，那只是因为还没到时机，因为时间是最好的见证者，它见证了你一点点的努力，最后，它也将见证你最终的成功。

哲人说："成功者大都起始于不好的环境并经历许多令人心碎的挣

扎和奋斗。他们生命的转折点通常都是在危急时刻才降临。经历了这些沧桑之后，他们才具有了更健全的人格和更强大的力量。”一个人若是不付出，不努力，就梦想着成功，那根本就是做白日梦，时间不会给予你任何东西，只会给你的人生留下一段空白。生活就是这样，你需要付出，才能有所收获，而这样的付出是不间断的，一旦你放弃了，那你即将获得的成功也会随之不见。在更多的时候，你的付出与收获是成正比的，你付出的汗水和艰辛越多，你收获的东西也将越多。相反，如果你一点都不想付出，只想坐等成功，那是根本不可能的，你终究等来的是一场空。

做每一件事就好像建城一样，你要想把它建成、建好，你就必须付出超人的代价和心血。我们应该记住，通往成功的道路从来都不会是一条风和日丽的坦途，人生必须渡过逆流才能走向更高的层次，最重要的是在这个过程中学会忍耐，蓄积待发，最终一举成功。

有较强的忍耐力，终会苦尽甘来

追求事业的过程中，苦难是不可避免的，但我们每个人都有自己的选择，有的人选择抱怨，有的人选择自暴自弃，有的人选择隐忍、奋进。很多时候，我们已经忘记了还有一种东西——耐心，当我们保持顽强的耐心，那苦难就会令我们变得更坚强，成功也就是指日可待的事情了。

莎士比亚曾说：“困苦永远是坚强之母。”所谓的苦难、错误并不是白白经历的，忍耐这些痛苦之后，它会让我们的人生绽放出最美丽的成功之花，因为忍耐力是成功的砝码。具有强劲忍耐力的人，他们从来不惧怕挫折和困难，他们甚至将挫折当作自己人格的试金石，当自己输得只剩下生命时，潜在心灵的力量还有多少呢？如果没有较强的忍耐力，就没有勇气，没有拼搏精神。只有保持强劲的忍耐力，一往无前，坚持不懈，才会在失败中崛起，奏出人生的华章。人们在面对压力和困难时会激发出巨大的潜能，但在迎难而上的同时，他们注定要经历磨难之苦，这时若没有较强的忍耐力，他们就无法获得成功，因此，我们说，忍耐力是成功的砝码。

凡成大事者，必须忍受得住困难的打磨，经得起失败的打击，成功需要风风雨雨的洗礼，一个有追求、有抱负的人，总是视挫折为动力，有一句话说得好："能受天磨真铁汉，不遭人嫉是庸才。"所以说，失败对于天才是一块成功的跳板，对强者是一笔宝贵的财富。而对于弱者，就是使之坚强的臂力器。

1832年，毕业于哈佛大学的林肯失业了，这显然使他很伤心，但他下定决心要当政治家，当州议员。糟糕的是，他竞选失败了。在一年里遭受两次打击，这对他来说无疑是痛苦的。接着，林肯着手自己开办企业，可一年不到，这家企业又倒闭了。在以后的17年间，他不得不为偿还企业倒闭时所欠的债务而到处奔波，历经磨难。

随后，林肯再一次决定参加竞选州议员，这次他成功了。他内心萌发了一丝希望。认为自己的生活有了转机："可能我可以成功了！"

1835年，他订婚了。但离结婚的日子还差几个月的时候，未婚妻不幸去世。这对他精神上的打击实在太大了，他心力交瘁，数月卧床不起。1836年，他得了精神衰弱症。

1838年，林肯觉得身体良好，于是决定竞选州议会议长，可他失败了。1843年，他又参加竞选美国国会议员，但这次仍然没有成功。林肯虽然一次次地尝试，但却是一次次地遭受失败：企业倒闭、情人去世，竞选败北。要是你碰到这一切，你会不会放弃？放弃这些对你来说很重要的事情？

林肯没有放弃，他也没有说："要是失败会怎样？"1846年，他又一次参加竞选国会议员，最后终于当选了。两年任期很快过去了，他决定要争取连任。他认为自己作为国会议员表现是出色的，相信选民会继续选举他。但结果很遗憾，他落选了。因为这次竞选他赔了一大笔钱，林肯申请当本州的土地官员。但州政府把他的申请退了回来，上面指出："做本州的土地官员要求有卓越的才能和超常的智力，你的申请未能满足这些要求。"

接连又是两次失败。在这种情况下你会坚持继续努力吗？你会不会说"我失败了"？然而，林肯没有服输。1854年，他竞选参议员，但失败了；两年后他竞选美国副总统提名，结果被对手击败；又过了两年，他再一次竞选参议员，还是失败了。

林肯一直没有放弃自己的追求，他一直在做自己生活的主宰。1860年，他当选为美国总统。

亚伯拉罕·林肯在竞选参议员失败后曾说过这样一句话："此路艰辛而泥泞。我一只脚滑了一下，另一只脚也因而站不稳；但我缓口气，告诉自己'这不过是滑一跤，并不是死去而爬不起来'。"确实，一次失败并不会让你一无所有，相反，因为内心的忍耐力，会让你得到了宝贵的经验去开始下一次尝试。

曾有人说："成功的人生是痛苦与失败的交织，是磨难与顺利的交替。”命运赐给我们机遇和幸福，同时也给我们缺憾和困难，如果我们缺乏应有的忍耐力，在痛苦与困难面前低了头，那我们也将失去机遇和幸福。因此，面对生活中的挫折和困难，不要畏缩自卑，不要怨天尤人，而是用坚强的意志和刚毅的态度对待磨难，用豁达的心态来对待生活，这样我们就会多一点希望，收获多一些幸福。

成功的人生往往是从卓越的目标开始的，但卓越的目标的背后肯定是充满荆棘和坎坷的路。如果想要通过这样一条路，就必须要经受得住荆棘的刺痛和坎坷的摔打，而经受住这一切，就需要较强的忍耐力，这样追求成功的意志才会坚强起来。忍耐力是人生不可多得的财富，拥有了这笔财富，就没有什么困难不能克服，没有什么曲折可以把人击倒。

信念具有无坚不摧的魔力

也许在我们每个人的心中，都希望自己能拥有完美的终身事业，当然，最终结果却并非如此，当你问他们为什么没有达到自己的梦想时，他们又能找出一大堆原因，但其实，这都是他们的借口而已，最为根本的原因只不过是信念，是因为他们的信念易于改变。

行为和情感都是源于信念，而要想根除促成情感和行为产生的信念，就要问自己根除它的原因。对于那些你认为没有做不到的事，为什么不问问自己为什么呢？其实，只要细想，你都知道，你认为“不可能”，都是在自欺欺人而已，你低估了自己的能力，只要你懂得扭转内心那些负阻碍进取的信念，就能变消极为积极，实现自己的目标。

在强有力的信念之下，是能带来奇迹的，信念能使人们的力量倍增，如果失去信念，我们将一事无成。所以，当我们遇到困难时，要在心中建立一个成功的信念，这样，我们就能努力找到事情的光明面，然后用乐观的态度去寻找方法，将困难解决。

世界酒店大王希尔顿，用少量资本创业起家，有人问他成功的秘诀，他说："信心。"

美国前总统里根在接受《成功》杂志采访时说："创业者若抱有无比的自信心，就可以缔造一个美好的未来。"

生活中的每一个人，都要有成功的强烈的愿望，那么，你也会让他人更容易相信你的能力，因而也会得到更多的锻炼机会，你会更容易成为一个有能力的人。

在很多渴望成功的人眼里，石油大王洛克菲勒也是他们学习的榜样。他能从一无所有到拥有现在的商业帝国是一个传奇，但事实上，这却是他持之以恒、积极奋斗的回报，是命运之神对他艰苦付出的奖赏。他曾经对自己的儿子说过这样一句话："我们的命运由我们的行动决定，而绝非完全由我们的出生决定。"生活中的我们也需要记住，一个人的命运如何，是掌握在自己手里的，出身只能决定我们的起点，不能决定我们的终点，对此，洛克菲勒的人生轨迹可以加以证明。

幼年时的他就开始随着父母过着动荡不安的生活，他们总是搬迁。到他11岁时，父亲因一桩诉讼案而出逃。此后，年仅11岁的洛克菲勒就担起了家里生活的重担。

后来，对知识的渴望，让他在商业专科学校学习了三个月，在学会了会计和银行学之后，就辍学了。

出了学校的洛克菲勒，刚开始在休伊特·塔特尔公司做会计助理。在工作中，他始终不忘学习。每次，当休伊特和塔特尔讨论有关出纳的问题时，洛克菲勒总是认真倾听，从中汲取知识。另外，洛克菲勒在这家公司从业期间，为公司带来不少效益，赢得了老板的赏识。

洛克菲勒很细心，每次在公司缴水电费的时候，洛克菲勒都要逐项核查后才付款。而老板只看总金额，这很快让洛克菲勒取得了老板的信任。

又有一次，公司高价购买的大理石有瑕疵，洛克菲勒巧妙地为公司索回赔偿。休伊特很欣赏他，就给他加了薪。

后来，洛克菲勒从一则新闻报道中得知由于气候原因英国农作物大面积减产。于是他建议老板大量收购粮食和火腿，老板听从了他的建议。公司因此而获取了巨额的利润。

成绩斐然的洛克菲勒要求加薪，遭到了休威的拒绝。于是，洛克菲勒离开公司决定创业。洛克菲勒只有800美元，而创办一家谷物牧草经纪公司至少也得4000美元。于是他和克拉克合伙创业，每人各出2000美元。洛克菲勒想办法又筹集了1200美元，才凑够了2000美元。这一年，美国中西部遭受了霜灾，农民要求以来年的谷物作抵押，请求洛克菲勒的公司为他们支付定金。公司没有那么多资金，洛克菲勒从银行贷款，满足了农民的需要。经过一年的苦心经营，获利4000美元。

而如今，洛克菲勒中心的53层摩天大楼坐落在美国纽约第五大道上。这里也是标准石油公司的所在地。标准石油公司创立之初（1870年)仅有5个人，而今天该公司拥有股东30万，油轮500多艘，年收入已达五六百亿美元，可以说，这里的一举一动牵动着国际石油市场的每一根神经。

洛克菲勒的人生就是从一个周薪只有5元钱的簿记员开始的，但经由不懈的奋斗却建立了一个令人艳羡的石油王国。洛克菲勒的成功并不是一个神话，他只是更懂得运用行动和智慧来经营人生，他有一双发现机会的慧眼。他从为别人打工开始，就显示出了与众不同的智慧。

这个真实的故事再次使我们坚信：一个人的内心中如果在年轻时就树立一个目标，并坚持不懈地为之努力，那么，他一定会是一位成功的人。

人的潜力是无穷的，如果你对自己有足够的信心，你就会发现自己原来拥有这样的潜力，原来自己可以做到许多事情，如果你想有个辉煌的人生，那就把自己扮演成你心里所想的那个人，让一个积极向上的自我意象时时伴随着自己。

目标有时遥遥无期，总也望不到头。你也许正在艰难中坚持却疲倦不已，如果这时放弃，以前的努力都将白费，所花的心血都是徒劳；而只要再坚持一会儿，再加一把劲儿，眼前就有可能是别有洞天，豁然开朗。当你拨开迷雾重见阳光的一刹那，你会觉得所做的再苦再累都是值得的。

第12章 在寂寞中等待机遇，机遇总是留给耐得住寂寞的人

世界首富比尔·盖茨曾说过：“卖汉堡包并不会有损于你的尊严。你的祖父母对卖汉堡包有着不同的理解，他们称之为‘机遇’”。也有人曾经总结：“成功的人生，一言以蔽之：蓄势待发。”这句话应该成为每个正在为目标奋斗的人的人生格言。因为成功的秘诀在于，当机遇来临的时候，你已经做好了把握住它的准备。当然，对于现在的你，应该耐得住寂寞，并加倍努力，时刻准备着，这样，你才更易受到机遇的垂青。

机遇只青睐积极主动的人

生活中，我们常说：“机遇是留给那些有准备的人”，但同时，机遇也并不是主动送上门来的，而是需要我们主动创造的，那些庸庸碌碌者，多半都是被动消极者，而那些主动执行、善于创造机会的人，则能从最平淡无奇的生活中找到一丝微弱的机会，他们用自身的行动改变了他们的处境甚至改变自己的命运。

美国但维尔地方百货业巨子约翰·甘布士认为机遇无处不在，有时也许只存在万分之一的可能，但是毕竟它存在着。只要有锲而不舍的毅力去争取，就一定能有所收获。

有一次，甘布士要乘火车到纽约去商谈一笔生意，因为事情紧急，也就没有预先订票，所以出发之前他的夫人不得不打电话到车站询问是否能购买到当天的车票。

由于当时正值圣诞前夕，去纽约度假的人很多，车票早早地就被抢购一空。所以车站工作人员告诉甘布士夫人，票已经卖完了，但是工作人员又告诉她，如果真的有急事必须要乘车离开的话，可以到车站来试试运气，因为也有可能有极个别的人退票，当然，这种可能性很小，因为正是节日前夕，所以一般情况下没有人退票。

甘布士夫人沮丧地放下电话，向甘布士转述了车站的答复，她认为今天肯定不能走了，只有等下一班的火车了。

谁知甘布士依然不慌不忙地收拾好行李，然后提着皮箱向门口走去。甘布士夫人连忙拦住他问："约翰，现在不是买不到票吗？你还去车站干什么？"

甘布士回答道："不是还有退票的可能吗？"

"可是这种可能性很小，只有万分之一啊。"

"我就是想去抓住这万分之一的机会，祝我好运吧。"说完，甘布士戴上帽子，顶着风雪朝车站走去。

甘布士到了车站，站在月台上，等了很久，仍没有一个退票的人，但是他并没有着急，而且耐心地等着，同时还利用这个时间仔细考虑即将谈判的那笔生意的各个细节。

大约离开车还有5分钟的时候，一位女士匆匆地跑来，因为她家里有突发事件，所以她不得不将票退掉，而改坐第二班车。

于是，甘布士掏钱买下了那张车票，及时地赶到了纽约。在纽约的酒店中，他打电话给他的妻子："亲爱的，现在我已经躺在纽约的酒店舒适的床上。我抓住了你所认为的只有万分之一的机会。"

托·富勒曾说，"一个明智的人总是抓住机遇，把它变成美好的未来。"可能你也发现，很多企业界的成功人士，他们身上都有一个共同的规律：他们的成功都来自一个特殊的机缘，但这机缘的出现，似乎又是注定的，因为他们总是用行动说话！

那些被人们认为是幸运儿的人并非天生运气好，他们只是比一般人更有成功的愿望，更积极主动而已。在人生的旅途中，任何机会都可能给你带来意想不到的成功，因此，不要放弃任何一个哪怕只有万分之一可能的机会。

有个中国留学生，在快毕业的时候，他带着自己的简历四处找工作。这天，他在唐人街买了一份报纸，报纸上刊登了一条招聘信息：澳洲电讯公司正在招人，年薪五万，这位留学生心动了，并且，他的条件完全符合，因此，很快，他就在众多应聘者中脱颖而出了。

留学生原以为会马上签约，但谁想到，招聘主管居然问了一句："你有车吗？你会开车吗？我们这份工作时常外出，没有车寸步难行。"这句话把留学生问傻了，因为他既不会开车，也没有车，但他也明白，这名主管提出的问题是很合理的，因为在澳大利亚，公民普遍拥有私家车，无车者寥若晨星。为了争取这个极具诱惑力的工作，他不假思索地回答：

"有！会！"

"4天后，开着你的车来上班。"主管说。

4天？时间也太仓促了，但这名留学生很快想到了办法，他在华人朋友那里借了500澳元，从旧车市场买了一辆外表丑陋的"甲壳虫"。

第一天他跟华人朋友学简单的驾驶技术；第二天在朋友屋后的那块大草坪上模拟练习；第三天歪歪斜斜地开着车上了公路；第四天他居然驾车去公司报到了。时至今日，他已是"澳洲电讯"的业务主管了。

看完这则故事，我们不妨试想一下，如果你也遇到这种情况，你会怎么做呢？可能你会放弃，因为不会开车。可这位留学生则不同，他的这种思维方式很值得我们所有人学习。

在通往成功的道路上，处处都可能有被错过的良机，只有善于把握机会，哪怕是万分之一的机会，你的财富梦都有可能尽快实现。

制造机遇，寻求突破

人们常说，是金子总会发光，其实不然。不是每一位有才华的人一定会飞黄腾达，当机遇不来的时候，怨天尤人也无济于事。当机遇来临的时候，犹豫不决、畏缩不前则是你自甘平庸的结症。

“机遇是留给那些有准备的人的”，但同时，机遇也是需要我们主动创造的。那些甘于沉沦和平庸的人最终会沉沦和平庸下去，而那些主动执行、善于创造机会的人，则从最平淡无奇的生活中找到一丝微弱的机会，他们用自身的行动改变了他们的处境。

因此，生活中，现在的你也需要明白，未来社会，如果你想要干一番大事，你就要善于把握机会，绝不放弃。

一些人总是抱怨命运不公，得不到机遇的垂青，而实际上，你们这是在坐等机遇，而不是创造机遇，守株待兔通常会让机遇从身边溜走，梦想也就会随之成为泡影。

艾森豪威尔在各场战斗中都表现突出，因此，很受克拉克将军的赏识。

这一年，马歇尔打算在手下部将中挑选出一个人作为作战处副处长。他向陆军总司令部副主任克拉克询问意见，克拉克坚决地告诉他：“我推荐的名单上只有一个人的名字。如果一定要十个人，我只有在此人的名字下面写上九个‘同上’。”这个人就是艾森豪威尔，他因才能出众而备受克拉克器重。

马歇尔采纳了克拉克将军的意见，这成为艾森豪威尔一生中的转机。艾森豪威尔后来曾说过：“运气对一个人派职，在适当的时间处于适当的地点等方面都起着重要的作用。”

人的一生机遇至关重要。但如果不努力，不提高自身素质，则机会很难降临。从艾森豪威尔的身上，可以得到这样的启示：机遇总是垂青于勤奋刻苦而博学多才的人。

人的一生机遇至关重要。但如果不努力，不提高自身素质，则机会很难降临。从艾森豪威尔的身上，可以得到这样的启示：机遇总是垂青于勤奋刻苦而博学多才的人。

在通往成功的道路上，机遇在人的一生中扮演着重要的角色。机遇无处不在。抱怨没有机会的人，实际上是不善于识别机会和发现机遇，他们总是在仰望远处的高山，却忽视了脚下的矿石。而目光敏锐、头脑灵活的人，总能在机会的身影还若隐若现时，就做出自己的判断，并大胆地行动。因此，我们可以说，天下不会掉馅饼，你需要记住的是，为机遇努力、积累实力并不是一句空话，更需要你们付诸实践。只要你积极主动，制造机会，哪怕是万分之一的机会，你的人生理想都有可能尽快实现。

细心的你可能发现，在那些成功者身上，都有一个共同的规律：他们的成功都来自一个特殊的机缘，但这机缘的出现，似乎又是注定的，因为他们总是能为自己制造机遇。用行动说话！作为华人首富，李嘉诚的名字可谓家喻户晓。他之所以能成为首富，也并非没有规律可循，从打工的时候起，他就是一个懂得为自己争取机遇的人。

李嘉诚的父亲是位老师，他非常希望李嘉诚能够考个好大学。然而，父亲的突然去世，使得这个梦想破灭了：家庭的重担全部落到了才十多岁的李嘉诚身上，他不得不靠打工来维持整个家庭的生计。他先是在茶楼做跑堂的伙计，后来应聘到一家企业当推销员。干推销员首先要能跑路，一点难不倒他，以前在茶楼成天跑前跑后，早就练就了一副好脚板，可最重要的，还是怎样千方百计把产品推销出去。

有一次，李嘉诚去推销一种塑料洒水器，连走了好几家都无人问津。一上午过去了，一点收获都没有，如果下午还是毫无进展，回去将无法向老板交代。尽管推销得不顺利，他还是不停地给自己打气，精神抖擞地走进了另一间办公楼。

他看到楼道上的灰尘很多，突然灵机一动，没有直接去推销产品，而是去洗手间，往洒水器里装了一些水，将水洒在楼道里。十分神奇，经他这样一洒，原来很脏的楼道，一下变得干净起来。这一来，立即引起了主管办公楼有关人士的兴趣，一下午，他就卖掉了十多台洒水器。

李嘉诚这次推销为什么成功呢？很简单，因为他明白客户的一个心理——别人说得再好，不如我看到的，不如我亲身体验的。所以在推销中，他经常都会主动、积极地为客户示范。其实，在李嘉诚早年的推销工作中，他都很重视方法的运用，正因为善于思考、注重分析，李嘉诚的成交量总是比其他推销员多。其实，纵观李嘉诚的奋斗历史，其实就是一个不断用方法来改变命运的历史。他能想到的，也就做到了，不断去实践就是他能成功的原因。

生活中的人们，你要知道，当命运之神把我们推到这个社会，当我们胸怀壮志努力奋进，当我们列好计划即将一展宏图，那就让我们立刻行动！只有实践才能让你赢得更多的机遇，才能时刻整装待发，冲刺成功！

别犹豫，机会来临时果断出击

我们都知道，不懈地努力是实现目标与获得成功的唯一途径，然而，我们也不能否认机遇的重要性，抓住机遇，这样，你就能独占鳌头、获得成功，然而，任何机会都不会自动降临，它总是属于有头脑、有行动、有准备的人。机遇，是瞬间的命运。

机遇来临时我们常常需要做抉择——实行或者不实行，我们总是试图通过我们最精确的思维，获得我们最想要的结果。但实际上，很多时候，正是因为我们过多的思考，而导致了我们瞻前顾后，不敢行动，成功的机会也就在“做”与“不做”之间流失了。留下的也只有遗憾。

《聊斋志异》中的一则故事：

两个调皮的牧童在大山深处发现了一个狼窝，狼窝里有两个小狼崽，他们准备带着这两只小狼崽离开，随后，发现丢了小狼崽的老狼心急如焚，就准备抢回小狼崽。

这两个牧童太聪明了，他们分别抱着两只小狼崽爬上相距数十步的大树，老狼在树下准备救狼崽，但却发现两只狼崽被放在不同的树上。

并且，一个牧童在树上掐小狼的耳朵，弄得小狼嗷叫连天，老狼闻声奔来，气急败坏地在树下乱抓乱咬。此时，另一棵树上的牧童拧小狼的腿，这只小狼也连声嗷叫，老狼又闻声赶去，就不停地奔波于两树之间，终于累得气绝身亡。

这只狼之所以累死，原因就在于它企图救回自己的两只狼崽，一只都不想放弃。实际上，只要它守住其中一棵树，用不了多久就能至少救回一只。

我们没有理由说狼很笨。有时人比狼都笨。古人讲："用兵之害，犹豫最大；三军之灾，生于狐疑"，就是这个道理。

可见，我们在作判断的时候，对世俗复杂环境我们能避开的就避开，不要轻信别人的胡言乱语，人要有自己的主见。你要有坚定的信念，只有自己当机立断，相信自己的判断和能力，远离小人，你的事业才会成功。

这个道理同样可以运用到如何抓住机遇上，生活中的你，在决定某一件事情之前，应该运用全部的常识和理智慎重地思考。如果发现好的机会，就必须抓紧时间，马上采取行动，才不至于贻误时机。如果犹豫、观望而不敢决定，机会就会悄然流逝，后悔莫及。瞻前顾后的行动习惯使人丧失许多机遇，很多时候，很多事情，如果我们能横下心去做，事情的结果就会大不相同。

工作和生活中，不乏这样的人，他们激动的多，行动的少。表扬的多，真干的少。因为他们在准备实践的时候，总是考虑这个考虑那个，而这样肯定会错失时机，后悔莫及。最大的成功并不是那些嘴上说得天花乱坠的人，也不是那些把一切都设想得极其美妙的人，而是那些脚踏实地去干的人。其中，成功素质不足、自信不足、心态消极、目标不明确、计划不具体、策略方法不够多、知识不足、过于追求十全十美，这些都是他们瞻前顾后、不敢行动的原因。

要想放下这种忧愁思绪，自然首先得训练自己对真理的判断能力，但最重要的还是要训练自己在判断之后，坚定、勇敢、自信地去把这个判断付诸实行。对一个坚决朝向他目标走着的人，别人一定会为他让路，而对一个踟蹰不前，走走停停的人，别人一定抢到他前面去，决不会让路给他。

那么，如何克服犹豫不决呢？经验证明以下方法卓有成效，不妨一试：做事时，要有“今天是我们生命中的最后一天”的“荒诞”意识。

“假如今天是我生命中的最后一天”，这是美国畅销书《世界上最伟大的推销员》的作者奥格·曼狄诺警示人生的一句话，真的，无论是谁，无论是想干一件什么事，如果优柔寡断，就会一事无成，而这种意识，恰恰是一把利刃，可立即斩断你的忧思愁缕，也像一口警钟，督促你当机立断，刻不容缓。

同时你还要放下包袱不顾一切，要有一种豁出去的心态。“大不了是做错了”“大不了就是被人笑话一顿”，而这些又能对你怎么样呢？一旦你有了这样一种意识，肯定就会敢做敢当，优柔寡断的现象肯定会在你身上消失得无影无踪。

不要小看了优柔寡断的习惯给我们带来的副作用，生活中可以改变命运的契机，都因为我们的优柔寡断而与我们失之交臂，永不再来。

犹豫是成功的大忌。那些总是瞻前顾后的人，总是平白失去很多机会。要想致富，就要有抛却一切顾虑的勇气，心动不如马上行动，别等到机遇离去时才感到惋惜。

与时俱进，才能抓住机遇

生活中，我们常听他人说“与时俱进”这一词，也就是说，我们在做人做事时，要懂得变通，毕竟我们所生活的时代每天都在变幻，守旧的思维模式只能让我们被时代抛弃。事实上，自古以来，人类的进步就是因为能做到与时俱进，能做到思维的创新，可以说，人类如果故步自封，就只会停滞不前。同样，作为单个人，能不能做到思维上的与时俱进，直接关系到一个人的事业成败，因为只有创新才能激活自己全身的能量。

因此，我们每个人都要明白，在瞬息万变的当今社会，真正的危险不是知识和经验的不足，而是故步自封，跟不上时代的步伐。

一个人要想成功，勇气、努力都必不可少，但更重要的是，人生路上要懂得与时俱进，要懂得不断收集各种资讯，使自己对环境和追求的事业的方向有更充分的了解。因为一个人只有了解得越多，才越有应变的能力。

清末曾国藩一生仰慕者众多，但在围观之处却并不得志，直到太平天国运动，给了曾国藩实现人生抱负机会，皇帝命他帮办团练，于是曾国藩回到湖南，明里是团练，暗里却是新军，虽不是清朝正式编制，一切由湘军自行招募，但培养了自己的嫡系部队。

其后，因为两次兵败靖港，羞愧愤极，曾国藩写下遗书，两次投水自尽，被部属救起。曾国藩调整自己心态，在禀报朝廷时以屡败屡战奏折上书，以表败而不馁之气概。并在战争中一边拿起兵法，一边吸取教训，使湘军占有主动地位。

曾国藩强调无论是作战还是为官，都要择善而从，灵活变通。而后来，曾国藩并没有自立为王，而是选择了辞官退隐，这更是一种变通的出世思想和智慧的哲学思想，正是因为如此，才使得他得以成就和保住功名，福禄两全。

我们都知道，在通往成功的道路上，处处都可能有被错过的良机，只有善于把握机会，哪怕是万分之一的机会，你的人生理想都有可能尽快实现。

现实生活中，人们都知道机遇的重要性，但并不是所有人都能把握住机遇。事实上，在机遇面前，很多人只会一味地模仿别人，以为众人走过的路，用过的方法，是最保险的。殊不知，在众人都踩过的路上，很难有令人惊喜的果实被人发现。

人是善于思考的动物，处于竞争激烈、变化多端的社会中，当我们一旦发现自己的定位与现实不合拍的时候，调整步调才是最明智的选择。

可见，在漫长的人生旅途中，每一个人不能不面对变化，不能不面对选择。学会变通，不仅是做人之诀窍，也是做事之诀窍。那么，我们该怎样做到关注前沿信息、提高自己的思维变通能力呢？

1.关注前沿信息，更新观念

我们要关注时事新闻，关注周围世界的变化，这样，你才能逐步更新自己的观念和强化自己的变革意识。

2.学会变通要有勇气应对变化

勇气的作用就是调动起自己全部的能力去迎接变化和挑战。一个人想学会变通，首先必须鼓起勇气，勇气是人的一种非凡力量。它虽然不能具体地去处理某一个问题，克服某一种困难，但这种精神和心态却能唤醒你心中的潜能，帮助你应对一切变化和困难。

3.学会变通，要有信心开发潜能

所谓信心，就是一种心态潜能。也就是说你是一个充满信心的人，你有信心克服困难，有信心获得成功。那么，你身上的一切能力都会为你的信心去努力，你也就有可能成为你希望成为的那样；反之，如果你缺乏信心去努力，总以为自己没有能力去做这一切，那么，你的一切能力也就会随之沉寂，自然你就成为一个没有能力的人。

4.学会变通要善于改变自己的思维定式

人的思维方式，常常出现两大定式：一是直线型，不会拐弯抹角，不会逆向思维和发散思维；二是复制型思维，常以过去的经验为参照，不容易接受新鲜事物。

实践证明，不管你是觉察到还是没有觉察到，不管你是愿意还是不愿意，每个人时时刻刻都在寻求变通，所不同的是，善于变通的人越变越好，而不善于变通的人却是越变越差。我们只要掌握了变通之道，就会应对各种变化，在变化中寻找到机会，在变化中取得成功。

任何一个人，如果你希望自己能在适应现在的工作、生活乃至整个社会环境，你需要明白“适者生存”这个道理，要懂得适应时局，并要积极思考，随时调整自己。只有这样，才有可能抓住机遇！

把握机遇，改变命运

我们深知机遇对一个人的成功起着重要的作用。它就像一个装有弹簧的踏板，踩到它，你就会被弹得很高，就能成功；但如果你在弹跳的过程中没有抓住一个吊环，找不到一个着陆点，那你在片刻的激动之后，不可避免地会摔得很惨。

我们不得不承认的是，机遇面前，人们不同的态度产生了不同的结果，那些迟疑、犹豫的人最终只能与之擦肩而过；而勇敢的、主动的人却能积极努力，于是便赢得了机遇的倾心，你可以说这是偶然，但你又怎能说这不是必然呢？千万别轻视那小小的一步，就是它，可能会改变你的一生。

那年，他受聘于一家地产公司。培训结业的那天，公司老总也来了。

进行了一番热情洋溢的讲话后，老总转身从公文包里拿出一叠文件问："有谁愿意帮我整理一下这些资料？"

其实，他是很想试一试的，但看看四周大家都是沉默的，他不禁又有些犹豫，最终没敢站出来。

老总停了停，见无人敢应答，于是笑了笑，用手指向窗外那高楼林立的开发区道："二十年前这里曾是一片蛮荒，在管委会的一次会议上主任就曾这般问过：'在国家没有一分钱投入的情况下，有谁有勇气站出来开发那片荒地？'有一个年轻人犹豫了很久，最后终于勇敢地站了起来。经过一番努力，十年后的今天，这里变成了现在这般繁荣的景象。"

虽然老总没说那个年轻人是谁，但他潜意识里明白那年轻人就是老总自己。

假如错过了这次机会，自己很可能将碌碌无为地度过一生。想到这儿他猛地站起来说："我愿意！"

老总什么也没说，只是笑着点了点头。在以后的日子里，他发现每次上司总是给自己比别人多很多的工作，其中不乏一些重要的公司机密。

不久，他得到了提升。转眼十年过去了，他已经有了自己的实业公司，并创下了惊人的业绩，他本人也成为商业界的一颗璀璨明星。

人们常说，是金子总会发光，其实不然。不是每一位有才华的人就一定会飞黄腾达，当机遇不来的时候，怨天尤人也无济于事。当机遇来临的时候，犹豫不决、畏缩不前则是你自甘平庸的症结。

人们常说机遇难求，因此不懈努力、千方百计地去寻找机遇、创造机遇，希望借助良好的机遇为自己铺路架桥，以便顺利而迅速地实现自己的人生目标。然而，大多数人都犯有这样一个错误：只关注那些表面的、醒目的、未来的东西，对自己身边的一些潜在的、隐蔽的、细微的东西却置若罔闻，无动于衷。机遇就在眼前，却视而不见；成功近在咫尺，却如隔天涯。

因此，不要总是抱怨没有好的机会降临在你身上，不要总想着会有兔子撞到你面前。成功的机会无处不在，关键在于你是否能紧紧地抓住。聪明的人能从一件小事中得到大启示，有所感悟，化成成功的机会。而愚笨的人即使机会放在他面前也不知。

有一家大公司的老板看好了一位刚从名校毕业的年轻人，准备派他去欧洲培训两年，回来后再委以重任，原因是此人业务方面的知识掌握得很熟练，能力特别出众。老板感觉他很有前途，是个可塑之才，因此决定让他去海外培训。

但就在这名员工即将启程去欧洲的前几天，老板偶然发现他利用公司的电脑上网聊天，收发私人邮件，而且还下载一些与工作不相关的内容。老板一连好几天都留意该员工的举动，发现该员工有爱占公司小便宜、投机取巧的行为，于是很快作出决定，改变了送他去海外培训的计划。

这名年轻人自身条件都很优越，能力也很出众，本应拥有一个良好的前程。可惜由于他行为上的“出轨”，使老板对他的看法来了一个180度的大转弯，他的形象在老板眼中一落千丈，大好前程从此与他无缘。因为在老板眼里，一个连起码的公司准则都无法自觉遵守，甚至没有公德心的人，又怎么可能成为一名出色的员工，怎么能对一个企业高度负责呢?

人生漫漫，机遇常有，但决定我们命运的不是机遇，而是我们对机遇的看法。机遇悄然而降，稍纵即逝。因此，你若稍不留心，它将翩然而去，不管你怎样地扼腕叹息，它都杳无音讯，一去不复返。因此，有些人认为，一些人之所以不能成功，并不是因为没有机遇，并不是幸运之神从不照顾他们，而是因为他们太大意了，他们的大意使他们的眼睛混浊而呆板，因而机遇一次次地从他们眼前溜走而自己却浑然不觉。

对于这些人来说，他们要想取得成功，要想捕捉到成功的机遇就必须擦亮自己的双眼，使自己的双眼不要蒙上任何的灰尘。这样，他们才能够在机遇到来的时候伸出自己的双手，从而捕捉到成功的机遇。而那些之所以能够取得成功的人并不是幸运之神偏爱他们，幸运之神对谁都一视同仁，幸运之神不会偏爱任何一个人。

转换思路，困境即是机遇

我们在向目标进发的过程中，难免会遇到不幸、逆境，而其实，每一次的不幸也是机会，充分利用它，就能够促进自己的发展。犹太人常说："悲观者只看见机会后面的问题，乐观者却看见后面的机会。"乐观的人，不仅能看到眼前的问题，还能发现问题后面的机会。

生活中的人们，我们也要明白，其实，所有的坏事情，只有在我们认为它是不好的情况下，才会真正成为不幸事件，只要能够从坏中看好，采取有效的措施扭转这个趋势，耐心地找准一个方向，就一定会别有洞天。这样不仅能解一时之围，更能找出你自身存在的问题，使自己赢得更持久的能力。

我们发现，那些成功者，无不是经受了无数磨难，练就了一身功夫，所以他们才能在关键的时候，不让自己走入山穷水尽的将死之路，而是慢慢地将死路走成活路。我们常告诫自己和他人要把握和抓住机遇，其实，我们更应该为自己创造机遇，做机遇的旁观者，你不可能让机遇驻足。你只有积极努力、做足准备，才能张开双臂，在机遇来临时扑个满怀。

罗蒂克·安妮塔是英国家喻户晓的女企业家，她是美容小店连锁集团董事长、家庭主妇创办公司的成功典范。

安妮塔出生于意大利，毕业于牛顿学院，这所学校是面向当地的贫民子弟的，安妮塔与丈夫戈登结婚后，生活也并不宽裕。

为了改善生活状况，安妮塔决定自己创业。结婚前，安妮塔曾到南太平洋旅行，对土著居民使用的以绿色植物为原料的化妆品产生了浓厚的兴趣，她采集了不少天然化妆品配方。她认为天然化妆品一定会比市场流行的化学化妆品更受消费者欢迎，当前的困难在于4000英镑的投入，唯一的办法只有向银行贷款。

安妮塔带着两个女儿来到小汉普顿的一家银行，向经理诉说她的困境，说她急需开一间小店养家糊口，希望银行出于人道主义考虑，向她提供资金支持。经理认为银行不是慈善机构，拒绝了安妮塔的贷款要求。

安妮塔并没有绝望，她一直在努力想办法，后来，经过观察和研究后，她穿上特制的西服，俨然一副商界女士的打扮，再次来到银行。她还准备了一大摞文件，包括可行性报告和房产凭据等。文件中把她筹划的小店吹捧成世界上最好的投资项目，把自己美化成具有丰富经验的化妆品专业的商界奇才。这次她改变了策略，用商业银行的游戏规则——越有钱的人越容易借贷，来与银行周旋。

那位银行经理因为一周前根本就没把安妮塔放在眼里，所以没认真注意她。这次改头换面再来时，竟没认出她来。安妮塔的资历通过了银行的审察，很顺利地贷到了4000英镑，这笔钱成为她非常重要的启动资金。

1976年3月27日，安妮塔的美容小店正式开张。由于此前《观察家报》报道了她开店的情况，结果该店一炮打响，顾客盈门，第一天的收入就达到130英镑。

此后安妮塔不断开设分店，走上了连锁经营的道路，她的小店变成了网络遍布全球的大企业，许多当初抱有像她一样愿望的家庭主妇，加盟她的连锁集团后成为百万富婆。

其实，无论做什么事，都不可能一帆风顺，失败者选择了放弃，所以他失败了；胜利者选择了坚持和面对，所以他在挫折中获得了成长。

洛克菲勒曾说："我总设法把每一桩不幸化为一次机会。"任何一个人，任何一家企业，都有可能遇到危机，都有可能遇到不幸，我们如何看待不幸、如何处理危机，直接关系到我们能否寻找到出路。可以说，洛克菲勒的创业史处处充满了危机，他曾资金危机、炼油厂失火、政府污蔑等，但最终，他都凭强大的自信、强有力的危机处理能力最终让企业转危为安。

英特尔公司前CEO安德鲁在价值五亿美元的有缺陷的英特尔奔腾芯片必须被召回并更换的灾难性事件后，在其自传《只有偏执狂才能生存》一书中说道，商业成功饱含自身毁灭的种子。因为商业环境变化不是一个连贯的过程，而是一系列亮点或者"战略转折点"，一个公司运营的基础突然发生变化并且没有预先的警告，这些点的出现可能意味着新的机会或者是终点的开始。

可见，人们在做一件事情的时候经常会因为方法不当而走入死路，这时候，转换一下思路，就能让死路变成活路，有的人不知道如何转变，只是一味地按照原来的思路走，这样就容易让自己的路越走越窄，甚至出现无路可走的情况。

第 13 章 在点滴中积累：坚守寂寞，才能看淡人生

日常生活中，我们都害怕孤独，但不得不面对寂寞，然而，寂寞能激发我们的思维，帮助我们寻找到生活的真谛，探索人生的奥秘。让你的性格更沉稳，让你的心情更宁静，让你的选择更理性。它还能沉淀你的思想，使你获得大智慧，能升华你的体验，使你懂得生命的意义。因此，面对寂寞，与其忍受，不如去享受吧，一个真正耐得住寂寞的人，才能以平和的心态体味百味人生！

随时让心灵归零，每天重新开始

当今社会，我们的心态总是不断地接受着来自物质引诱的考验，很多时候，我们在追求目标的过程中，可能并没有意识到自己的心灵已经被那些虚幻的美好理想束缚了。生活远没有理想中那么简单，理想的存在固然可佳，可我们更要做的是如何让理想接受现实的催化。就像一件被打造的利器，不经过熟火的炙烤，重锤的锻造怎么能固握在战士的手中？为此，清空你的心灵，再行注满，你就会接受失败的馈赠，成功的赏赐。

对此，心理学中有个名字叫“空杯心态”。何谓“空杯心态”？我们不妨先来看下面一个故事：

从前，有个学者，他自认为佛学造诣很深，他听说山上的寺庙里有个德高望重的老禅师，便前往拜访。

刚开始，是老禅师的徒弟接待了他，对此，他很傲慢，觉得是老禅

师怠慢了他。后来，老禅师出来了，并为他沏茶。可在倒水时，明明杯子已经满了，老禅师还不停地倒。他不解地问：“大师，为什么杯子已经满了，还要往里倒？”大师说：“是啊，既然已满了，干吗还倒呢？”

禅师的意思是，既然你已经很有学问了，干吗还要到我这里求教？

这就是“空杯心态”的起源，空杯心态就是不断清洗自己的大脑和心灵，把外在和内在过时的东西、心灵的杂草、大脑的垃圾等，通通一洗了之，让身心干干净净，清清爽爽。

如果我们总是停留在过去的成就、荣耀中，那么，便不能以虚心的心态去求知，便总是驻足不前。因此，如果你想让自己的内心变得更为强大宽广，如果你想在人生路上继续前进，那么，你就必须懂得放下的智慧，放下过去的兴衰荣辱，以“空杯心态”面对未来。

“空杯心态”并不是一味地否定过去，而是要怀着否定或者说放空过去的一种态度，去融入新的环境，对待新的工作，新的事物。永远不要把过去当回事，永远要从现在开始，进行全面的超越！当“归零”成为一种常态，一种延续，一种不断要做的事情时，也就完成了人生的全面超越。

关于知了，人们认为，在远古时代，它们是不会飞的。

一天，它看见一只大雁在空中自由自在地飞翔，十分羡慕。它就请大雁教它学飞。大雁高兴地答应了。

学飞是一件很辛苦的事。知了怕吃苦，一会儿东张西望，一会儿跑东蹿西，学得很不认真。大雁给它讲怎样飞，它听了几句，就不耐烦地说：知了！知了！大雁让它多试着飞一飞，它只飞了几次，就自满地嚷道：知了！知了！秋天到了，大雁要到南方去了。知了很想跟大雁一起展翅高飞，可是，它扑腾着翅膀，怎么也飞不高。

这时候，知了望着大雁在万里长空飞翔，十分懊悔自己当初太自满，没有努力练习。可是，已经晚了，它只好叹息道：迟了！迟了！

其实，在我们生活的周围，有多少这样的“知了”，就有多少这样的“迟了”。它们取得一点点的成绩之后，就自我满足，被过去的成绩束缚住成长、进步的脚步，于是，它们安于现状，故步自封，坐失良机。圣经《箴言》中说：“没有远见的地方，人们就会灭亡。”而获得远见卓识就要靠持续地学习和不断地进步。

也许，你会问，我们的心灵里可能会有什么垃圾呢？对曾经的成功的、过时的褒奖、短暂的胜利，过期的佳绩的迷恋，当然，还有失望、痛苦、猜忌、纷争……清空就是把自己当人看，既然是人就有人的样式，有自己的优点更要正视自己的缺点。你的优点可以促使你成功，缺点又何尝不会让你在平淡乏味的生活中体会意外的精彩？清空心灵的垃圾是我们拥有好心态的关键。有了好的心态，才能让我们更彻底地认识自己挑战自己，为新知识、新能力的进入留出空间，保证自己的知识与能力总是最新，才能永远在学习，永远在进步，永远保持身心的活力。

丢掉虚荣，让心开怀

我们知道，人人都有自尊心，当自尊心受到损害或威胁时，或过分自尊时，就可能产生虚荣心。有人说，虚荣心与欲望是相伴相生的，当我们的内心被虚荣心占据时，很多不合理的欲望也就随之出现了，最终很有可能发生人生观和价值观的扭曲，甚至通过炫耀、显示、卖弄等不正当的手段来获取荣誉与地位。心理学家指出，如果我们不加以控制虚荣心理的话，轻则会影响我们的心理健康，严重的甚至会让我们产生心理疾病。而只有做到少一些比较，才能多一些开怀。

相信我们都读过法国作家福楼拜的代表作《包法利夫人》。

主人公爱玛是一个富裕的农民的女儿，曾经在专门训练贵族子女的修道院读过书，尤其喜欢读一些浪漫派的文学作品。虽然现实生活很残酷，但是爱玛却经常沉浸在自己虚构的奢华生活中无法自拔。现实和虚幻世界的强烈反差，使她非常苦闷。成年之后，爱玛嫁给了包法利医生，但是，医生微薄的收入根本无法供她挥霍。而且，爱玛非常讨厌其貌不扬的夏尔·包法利极其满足现状的个性。即使在有了孩子之后，爱玛的母爱也没有苏醒。她一心一意、执迷不悟地贪图享乐，爱慕虚荣，竭尽全力地满足自己的私欲，梦想着能够过上贵妇的生活。为了追求浪漫的爱情，寻求她心目中的英雄，爱玛先是受到罗道耳弗的勾引，结果被欺骗了，后来，她又与赖昂暗中私通，中了商人勒乐的圈套，最终导致负债累累，不得不服毒自尽。

在这篇小说中，福楼拜批判了爱玛爱慕虚荣的本性，也深刻地批判了社会的畸形。这种批判引人深思，让人警醒。

日本京瓷公司的创始人稻盛和夫曾说："欲望和烦恼其实也是人类生存下去的动力，不能一概加以否定。但是，同时也有狠毒的一面，不断使人类痛苦，甚至断送人的一生。如此看来，所谓人类，是何等因果报应的动物啊！因为我们自己生存中不可或缺的动力，同时又是可能致使自己不幸甚至毁灭的毒素。"事实上，当生活越简单时，生命反而越丰富，尤其是少了物质欲望的牵绊，我们越是能够从世俗名利的深渊中脱身，感受到自己内心深处的宽广和明净。因此，每一个人都应懂得修剪自己的欲望。

生活中的人们，如果你也有虚荣心，那么，你最好做自己的心理医生，从以下几个方面做好心理调节：

1.完善自己

一个人如果明白只有完善自己才能逐步提高的道理，也就能转移视线，不仅找到努力的动力，也会豁然开朗。

2.尽可能地纵向比较，减少盲目地横向比较

比较分为纵向比较和横向比较。横向比较指的是将自己与他人比，而纵向比较指的是将昨天的自己和今天的自己比，找到长期的发展变化，以进步的心态鼓励自己，从而建立希望体系，帮助个体树立坚定的信心。

3.正确认识荣誉

通常情况下，虚荣的人都很爱面子，希望得到别人的肯定和赞扬，希望每一个都羡慕自己。要避免形成爱慕虚荣的性格，你就必须以正确的心态面对荣誉，每个人都应该争取荣誉，这是激励自己前进的动力，但决不能以获得面子为目的。许多事实证明，仅仅为了获取荣誉而工作的人，荣誉往往与他无缘。倒是不图虚荣浮利的人，常常会“无心插柳柳成荫”，于不知不觉中获得荣誉。也就是说，只要我们脚踏实地地做好本职工作，而淡泊名利的话，荣誉自然会光顾我们。

4.脚踏实地

脚踏实地的人懂得通过自己的双手和劳动来获得物质和财富，这样的人才是最可爱的、令人敬佩的。

总之，你需要明白的是，虚荣心本身说不上是一种恶行，但不少恶行都围绕着虚荣心而产生。这种心理如同毒菌一样，消磨人的斗志，戕害人的心灵。为此，你必须要做到防微杜渐，不要让虚荣心滋生。

学会遗忘，遇到崭新的自己

有人说，生活犹如一枚绿橄榄，慢慢咀嚼，既有清泉般的甘醇，也有难以诉说的苦涩。如何去坦然面对这迎面而来的一切，人人都有自己的方法。但唯有保持身心愉悦，热爱生活，才不至于活得太沉闷，太矛盾。学会遗忘，确是一种处世方法。

生活需要记忆。记住经验，记住关怀，记住友谊，记住爱情，但生活也需要遗忘。不会遗忘，被名利缠身，为是非所累，被琐事所用，就人为地背上了思想包袱，关闭了心扉，就会活得很苦累。如果你想永远开心，那么，请你经常换一下心情，学会遗忘，以真实的快乐去对待每一天。

哈佛大学校长曾经来北京大学访问时，讲了一段自己的亲身经历：

有一年，这个校长心血来潮，准备过一段时间与众不同的生活，于是，他向学校请了假，然后告诉自己家人，不要问我去什么地方，我每个星期都会给家里打个电话，报个平安。

接下来，他一个人，带着简单的行李，去了美国南部的农村，开始了他所谓的与众不同的生活——农村生活。他到农场去打工，去饭店刷盘子。在田地做工时，背着老板吸支烟，或和自己的工友偷偷说几句话，都让他有一种前所未有的愉悦。最有趣的是最后他在一家餐厅找到一份刷盘子的工作，干了四个小时后，老板把他叫来，跟他结账。老板对他说："可怜的老头，你刷盘子太慢了，你被解雇了。"

三个月后，这个"可怜的老头"重新回到哈佛，回到自己熟悉的工作环境后，却发现，一切原本熟悉的东西顿时变得新鲜起来，工作成为一种全新的享受。

对于这个哈佛校长来讲，这三个月的经历，就是一次洗涤心灵的过程，自己原本扬扬自得，甚至呼风唤雨的哈佛大学校长职位，自己原本认为的博学与多才，在新的环境中一文不值。更重要的是，回到一种原始状态以后，就如同儿童眼中的世界，也不自觉地清理了原来心中积攒多年的“垃圾”。

从这个故事中，我们发现，只有学会遗忘，定期给自己复位归零，清除心灵的污染，才能放下各种压力，更好地享受工作与生活。

人心如杯，旧茶不去，新茶无法注入。凡人执着于怀念之中，无法让心之空间，如空杯一般等待新生活的涌入。过往如旧茶，沉积得太久，品之便索然无味。不是生活不再精彩，而是生命被充溢得太满，太满的人生也是一种不幸与悲哀。

空，是一种等待的状态，空杯可以装入更加绚烂的明天，正如白纸可以画出随意想象的任何一幅画卷。

学会遗忘，是让心开阔纯净的一个过程。饮尽一切不堪的过往，心灵才可以涤荡的没有尘埃，生命才可以轻装而行。

生活没有对错，生命没有起始。自信、洒脱、快乐、大度的人的每一天，都是新生活的开始。

学会遗忘，也就学会了原谅，学会了释然。没有不可谅解的恩仇，没有不可忘却的烦忧。当所有的怨恨在相逢一笑中泯然而去的时候，被怨气包裹的心便会在这一刻轻松与坦然许多。

很多时候，人们都是在为过去所累，过去的冤怨，过去的争吵，过去的误解，过去的情感，包括过去的辉煌与荣耀。其实那些，不过都只是飞过头顶的一片云彩，飘过眼前，便云消雾散。

可见，遗忘也是一种豁达，一种千帆过后的沧桑沉淀。世事无常，命运颠沛，生活还是无畏地继续着，去糟入鲜，除旧迎新，遗忘一些过往之后会使体内的血液更新鲜地涌动！

遗忘也是一种成熟，一种阅尽繁华之后的淡泊。在每一个无人的夜晚，梳理思绪，不要再有目光穿透伤悲，活在当下，更真实地拥抱自己！

遗忘也是一种美丽，一种禅意的空灵。刻意的遗忘相对来讲是困难而苦累的。但只要是你想抛弃那包袱，没有不可能的。而无意的遗忘，是一种不深刻的体现，但也体现了人生的练达旷意。

遗忘，并不是对过去的一概的背叛，而是把曾经的喜怒哀乐都沉淀于心底，从而以更纯净的心态去面对未来，把握自己的命运。学会遗忘，走出烦恼泥潭，便会倍感生命的可贵、生活的绚丽，从而让生命更富于朝气和力量。

学会遗忘，并不是很轻松就做到的，因为许多忘不掉的悲哀、耻辱是刻骨铭心的。那么，就需要我们用一颗平常心去对待问题。既然发生了，就注定无法挽回。当你在为错过太阳而流泪时，你也将错过群星。当你失落、悲伤的时候，最好学会遗忘。不要在乎脚下的路，前面的风光更迷人！

在寂寞中修炼自己，培养优秀的习惯

我们的现实生活中，相信每个人都有自己的理想，并渴望成功，而最终能成功的人只不过是极少数，而大多数只能与成功无缘，他们不能成功是因为他们往往空有大志却不肯低下头、弯下腰，不肯静下心来努力学习、从身边的本职工作开始积聚自己的力量。要知道，只有一步一个脚印，踏实、不浮躁地学习，才能成为一个优秀的人，但你把优秀当成一种习惯后，你也就离成功不远了。

事实上，当今社会更是一个需要人们不断学习的社会，知识的更新速度越来越快，曾有人说，“知识的半衰期仅为5年”，也就是5年之内，掌握的知识就有一半过时。这句话无疑警示所有的人，要想在当今社会生存并发展下去，我们必须要不断地学习和充实自己，不断地更新自己的知识结构，继而成为一个优秀的人，否则，我们只能被时代所淘汰。

任何一个习惯一旦养成，它就是自动化的，如果你不去做反而会感觉很难受，只有做了才会感觉很舒服。因此，关于好习惯的培养，你不妨给自己定一个计划，然后用日程本记下自己执行计划的过程。那么，21天后，你将养成好习惯，坚持21天，你就会成功。坚持21天，就能改变你的意识，影响你的形为，为你带来超乎想象的成功。你又何乐而不为呢?

那么，生活中的人们，你该怎样主动去培养那些成功的习惯呢?

1.多阅读、积累知识

除了你学习的书本知识外，你还应多阅读课外书籍，多读书最大的好处是可以增长知识，陶冶性情，修养身心。

2.变懒惰为勤奋

从古至今，我们发现，任何一个能做到99%勤奋的人都能最终取得成功。李嘉诚就是最好的例子。

有位记者曾问亚洲首富李嘉诚：“李先生，您成功靠什么？”李嘉诚毫不犹豫地回答：“靠学习，不断地学习。”不断地学习知识，是李嘉诚成功的奥秘！

李嘉诚勤于自学，在任何情况下都不忘记读书。青年时打工期间，他坚持“抢学”，创业期间坚持“抢学”，经营自己的“商业王国”期间，仍孜孜不倦地学习。李嘉诚一天工作十多个小时，仍然坚持学英语。早在办塑料厂时就专门聘请一位私人教师每天早晨7点30分上课，上完课再去上班，天天如此。当年，懂英文的华人在香港社会是“稀有动物”。懂得英文，使李嘉诚可以直接飞往英美，参加各种展销会，谈生意可直接与外籍投资顾问、银行的高层打交道。如今，李嘉诚已年逾古稀，仍爱书如命，坚持不断地读书学习。

一个人不可能随随便便成功，李嘉诚向每个渴望成功的人展示了这个道理。可能你会惊羡于李嘉诚式的成功，但却做不到李嘉诚式的努力与勤奋。那么，你不妨问问自己：我做到99%的勤奋了吗？如果你的回答是否定的，那么，你就知道症结所在了。也许，有些人会说，我不够聪明。而实际上，即使智慧，也源于勤奋。没有人能只依靠天分成功。自身的缺点并不可怕，可怕的是缺少勤奋的精神。勤奋面前，再艰巨的任务都可以完成，再坚定的山也都会被“移走”。滴水能把石穿透，万事功到自然成。唯有勤劳才是永不枯竭的财源。

3.主动探求知识

可能你觉得现在的你已经具备了很多知识，但事实真的如此吗？再退一步讲，人生的知识并不是书本上的，你真的对周围生活和自然以及各个方面都了如指掌吗？如果你觉得自己什么都懂，你多半不会是一个谦虚的人，实际上，越是知识渊博的人越是发现自己知道得少，培养好奇心也可以达到同样的效果，越是充满好奇越是对未知充满敬畏，也就越谦虚。

4.勇于创新

骄傲自满，你将很快就被超越。而只有进步才能获得更强的竞争力。

然而，没有创新就不可能进步。因此，你应该将自己的求知欲望和求知兴趣激发出来，鼓励自己多参与动脑、动手、动眼、动口，使其善于发现问题，提出问题，并尝试用自己的思路去解决问题。

5.要有坚定的决心和持之以恒的毅力

这是老生常谈的话题，但依然重要。那么，如何做到中途不放弃？你要有良好的心态、乐观的精神和自信心。很多人选择目标后又中途放弃，就是因为觉得坚持这么久，没有成果，觉得自己学的没有用。其实，条条大路通罗马，既然选择了自己的路，就要毫不犹豫地走，一直在原地徘徊，犹豫不决，不知是否该前进，只能让时间白白流走而已。

任何习惯的改变和形成，都是艰难的，但只要我们经历一段时间，一旦习惯形成后，它就会成为一种自动化的、下意识的行为反应了。

换个角度，好风景自会出现

生活中，你可能遇到过这样的事：当一个满脸乌黑，一脸疤痕的女孩走到你的身边，你第一反应就是怎么有这么丑的人，其实当细心打量你会发现，她的笑容很灿烂，当你和她相处一段时间后，你又会发现她有颗善良的心。当你走在一块荒芜的田地里，田里堆满了垃圾，臭气熏天，你会很扫兴地想尽快离开这里。但当你停下焦急的脚步，你会发现旁边有郁郁葱葱的小草正在茁壮生长，还有含苞待放的花朵迎着阳光格外娇艳欲滴。这些美就存在丑陋中间，关键要靠我们的眼睛去发现，善于从丑陋的背后去发现美丽。

为什么在一些艺术家的笔下，那些平日里平凡的一草一木都可以那么栩栩如生，生动活泼呢？为什么很多人生活得很清贫简朴，他却可以天天笑逐颜开，快乐幸福呢？因为在他们的眼里，一切都是美好的，他们有一双发现美丽的眼睛。

为什么大多夫妻生活在一起久了，会越来越发现对方更多的缺点，却很难发现对方的优点，而这些与恋爱时的感觉是完全相反的，这是为什么呢？因为我们眼里容下的只是对方的缺点，夸大了对方的缺点，而对他（她）的优点视若无睹。于是，矛盾自然而然就会产生，对对方的厌倦自然就会产生。学着发现他（她）的优点吧，想着他（她）对你的好。原来，他（她）是那么值得你去珍爱。

罗丹说：“这个世界不是缺少美，而是缺少发现。”我们都有一双眼睛，用来看世界，但我们的世界观、对世界的认识都是不同的。我们还有另外一双眼睛，它是长在心上的，那就是心智的眼睛。心智的眼睛比自然造化的那双眼睛更为重要，因为它还能告诉我们：如何看自己、如何看世界，那就是“要拥有一双发现美的眼睛”。

陈萍是一名大学讲师，和很多知识分子一样，她有着幸福的家庭，丈夫也是机关单位的工作人员。她生在上海，长在上海，但她却对上海似乎有着与生俱来的憎恶。一直只顾着怜惜自己的心情，因而不断地发泄着对它的不满。一心想着走出这个地方，领会别处的山清水秀，阅览漂离于世俗的恬然宁静，不去关注这个城市，不去关注藏匿其中的校园。

这天，她和丈夫因为生活上的一件小事吵架了，闷闷不乐的她来到办公室，她并没有像往常一样打开电脑，而是站在窗前，这时候，她恍然觉得已把自己游离于校园之外了。她不得不去注意宿舍楼前操场上打球男生的飒爽身影，不得不想到清晨河畔上的水雾缭绕，不得不去注意那比高架还高的壮观正门，不得不想起自己站过的讲台……不知道这里有多少株千年古树，不知道这里有多少种名贵花草，不知道横立在河上有几座桥，不知道两座食堂相距有多远……骤然间，她突然觉得，就连桂花香四溢的时节，也没有嗅出这校园所表达的善意和问候。一回眸，一投足，一转身，也是奢侈。也许，置身其中，浑然不觉。不珍惜这美丽，就像当初不珍惜父母亲的无微不至。不珍惜这美丽，就像不珍惜曾经好友间的现在想来恍如隔世的滴滴点点。

晚上，疲倦地从办公室归来的时候，她第一次认认真真地感悟了一番夜间的上海。的确就像贵妇人，雍容不失典雅，华贵兼顾端庄，成熟而有风韵，大方不带含蓄。于是，她恍然想起那句话—— 我们的身边并不缺少美，而是缺少发现美的眼睛，也许，比发现美的眼睛更需要的，是发现美的心灵。自打那以后，陈萍觉得，自己爱上了上海，更爱上了周围的一切。

故事中的主人公陈萍就是个善于发现美的人，一次偶然的机会，她看到了周围生活环境的美，于是，她的心境改变了，她也就快乐多了。

可见，用你的一双发现美丽的眼睛来审视这个世界，你会发现，它有太多我们不曾发现的美好，它有太多让我们快乐的理由，它有太多幸福并让我乐意奉献的人与事。你会发现，世界如此美好。

为此，首先，我们要懂得换位看世界。

其实，有时候，事物是美丽还是丑陋关键在于我们怎么看，我们要善于发现，当我们用眼睛去细心品味事物时，你会发现这也是一种幸福。

再者，你相信生活中“美丽的意外”。

生活中总是充满着各种各样的意外，有不幸的、有可笑的、有美丽的。当遇到不幸的意外时，我们可能会感叹生活不如意、命运不公平，更有可能变得消极怠世，对生活失去信心等。但你需要明白的是，无论现在的情况多么糟糕、生活多么坎坷，那都已经成为过去。下一秒，你迎来的都可能是美丽的意外。生活总是充满变数的，时间不会为我们而逗留。因而，当你学会面对这突如其来的意外时，或许你已经成功了一半。那么，只有在勇敢面对的基础上加以智慧与随机应变，生活中不美好的意外才不会将你瞬间击垮。

立足当下，珍视现在就是营造最好的未来

生活中的每一个人都有自己的理想，并且，大多数人都在为自己的理想奋斗着，但我们不得不承认的一点是，很多人对理想的憧憬过了头，如果你每天都在展望自己的未来而不踏实工作、生活的话，那么，只能让心智沉浸其中，只会陷入人生的陷阱。

有首古诗说得好，“明日复明日，明日何其多，我生待明日，万事成蹉跎”。我们每个人都应该追求自己的梦想，但更应该明白一个道理——静心，着眼于当下，才能营造出最美好的未来。只有把每一天过得实在有意义，把每一天的学习、工作任务及时完成了，才能在每一天悄悄地成长，慢慢地长大。当你回过头来的时候，你会惊讶地发现，原来自己的每一天过得是这样充实，你会为自己而感到骄傲和自豪。

约翰·霍普金斯学院的创始人威廉斯勒曾经是英国医学院的一名学生，他的成功来自他老师的一句话的启迪。

那还是1871年春天的事情，那时候，威廉斯勒正处在心情烦躁之中，因为他不知道如何处理远大的理想和具体的身边小事之间的关系，也不知道自己该如何做事才能成功，于是，他去请教他的老师，老师告诉他："最重要的，就是不要去看远方模糊的，而要做手边最具体的事情。"他这才恍然大悟：是啊，不论多么远大的理想，都需要一步步实现啊；不论多么浩大的工程，都需要一砖一瓦垒起来啊。

也就是从那一天开始，威廉斯勒开始埋头读书，两年以后，威廉斯勒以全校最优异的成绩毕业。毕业后来到一家医院做医生。他认真对待每一个患者，对每一次出诊都一丝不苟。兢兢业业的态度和精益求精的精神，使他很快成了当地的名医。几年以后，他创办了约翰·霍普金斯学院。他把自己的人生态度贯彻到每一个细节里。许多专家学者慕名来到他的学院工作，使他的学院很快成为英国乃至世界最知名的医学院。威廉斯勒总是告诉他身边的人：最重要的是把你手边的事情做好，这就足够了。

威廉斯勒为什么能成功？因为他从他的老师的话中悟出，一个人，只有踏实努力、充实好每一天，把自己的人生态度贯彻到每一个细节中，由量的积累达到质的飞跃，才能将理想化为现实。

很多时候，美好的憧憬总是让我们觉得很美好，觉得自己离它已经很近了，而实际上并不是如此，现实也不会因为你的想象而变得容易。"这山望着那山高"、不看重当下，那么，你就容易忘记理想的实现是建立在现实的基础上的，结果你只能被理想和现实同时抛弃。你在人生的过程中会看到许多山峰，但你不可能翻越每一座山峰，得到所有美好的东西。命运对任何人都是公平的，当你为没有得到而苦恼时，还是仔细想一下自己将会失去什么吧！

珍视现在，就需要我们重视当下工作中的每一件小事、每一个细节，事情天天在做，但真正把事情做好、做到位的却还有一段距离。小事做不了，何以成大事？很多时候，在工作和学习中出现的某些问题，恰恰是因为在细节上不够完善。有的工作已经做好了一大半，甚至只差最后一步，但就是这点细微的区别使他们在事业上很难取得突破和成功。

在追求成功的过程中，只有洋溢着满腔的热情、努力认真地过好现在每一分钟，埋头苦干眼前的工作，心无杂念地充实地度过每一个瞬间，才能通向开辟美好未来的道路。

一位父亲告诫他的孩子说：

“无论你以后做什么样的工作，都要做到一丝不苟、认认真真、全力以赴。要是你能做到这一点，你就不必担忧自己没有好前途。你看这世界上，到处都是散漫、粗心的人，做事善始善终的人是供不应求、深受欢迎的，只有认认真真做事的人才是未来竞争的成功者。”

这位父亲的话是有道理的，一个人的成功并不在于他在做什么，而在于他有没有做到最好、做到位。成功者之所以成功，就是因为他们具备一个品质，专注于一件事并追求极致。因此，我们在学习、生活和工作中应该以更高的标准要求自己，能做到更好，就必须做到更好，能完成百分之百，就绝不只做百分之九十九。

因此，珍视现在、努力过好每一天很重要。无论你树立怎样大的目标，如果不认真面对每日朴实的工作，不积累业绩就不可能取得成功。伟大的成果除了努力积累外别无他法。

参考文献

[1]东方觉慧.禁得起诱惑，耐得住寂寞[M].北京：东方出版社，2011.

[2]张恒.耐得住寂寞，扛得住诱惑[M].北京：中国社会出版社，2012.

[3]张婷.人生要经得起诱惑，耐得住寂寞[M].北京：中国商业出版社，2014.

[4]孙虹钢.耐得住寂寞，扛得住诱惑[M].北京：朝华出版社，2011.

[5]杨英，田萍.成功要耐得住寂寞，幸福要扛得住诱惑[M].北京：中国华侨出版社，2011.